JN297335

コロナ社創立 90 周年記念出版〔創立 1927 年〕

情報ネットワーク科学シリーズ　第5巻

生命のしくみに学ぶ
情報ネットワーク設計・制御

電子情報通信学会【監修】

若宮 直紀
荒川 伸一　【共著】

コロナ社

情報ネットワーク科学シリーズ編集委員会

編集委員長　村田　正幸　（大阪大学，工学博士）

編 集 委 員　会田　雅樹　（首都大学東京，博士（工学））

　　　　　　　成瀬　　誠　（情報通信研究機構，博士（工学））

　　　　　　　長谷川幹雄　（東京理科大学，博士（工学））

（五十音順，2015 年 8 月現在）

シリーズ刊行のことば

　情報通信分野の技術革新はライフスタイルだけでなく社会構造の変革をも引き起こし，農業革命，産業革命に継ぐ第三の革命といわれるほどの社会的影響を与えている．この変革はネットワーク技術の活用によって社会の隅々まで浸透し，電力・交通・物流・商取引などの重要な社会システムもネットワークなしには存在し得ない状況になっている．すなわち，ネットワークは人類の生存や社会の成り立ちに不可欠なクリティカルインフラとなっている．

　しかし，「情報ネットワークそのもの」については，その学術的基礎が十分に理解されないままに今日の興隆を招いているという現実がある．その結果，情報ネットワークが大きな役割を果たしているさまざまな社会システムにおいて，特にそれらの信頼性において極めて重大な問題を抱えていることを指摘せざるを得ない．劇的に変化し続ける現代社会において，情報ネットワークが人や環境と調和しながら持続発展し続けるために，確固たる基盤となる学術及び技術が必要である．

　現状を翻ってみると，現場では技術者の経験に基づいた情報ネットワークの設計・運用がいまだ多くなされており，従来，情報ネットワークの学術基盤とされてきた諸理論との乖離はますます大きくなっている．実際，例えば，大学における「ネットワーク」講義のシラバスを見ると，旧来の待ち行列理論・トラヒック理論に終始するものも多く，現実の諸問題を解決する基礎とはおよそいい難い．一方，実用を志向するものも確かに存在するが，そこでは既存の通信プロトコルを羅列し紹介するだけの講義をもって実学教育としている．

　本シリーズでは，そのような現状を打破すべく，従来の情報ネットワーク分野における学術基盤では取り扱うことが困難な諸問題，すなわち，大量で多様な端末の収容，ネットワークの大規模化・多様化・複雑化・モバイル化・仮想

化,省エネルギーに代表される環境調和性能を含めた物理世界とネットワーク世界の調和,安全性・信頼性の確保などの問題を克服し,今後の情報ネットワークのますますの発展を支えるための学術基盤としての「情報ネットワーク科学」の体系化を目指すものである.そのためには,既存のいわゆる情報通信工学だけでなく,その周辺分野,更には異種分野からの接近,数理・物理からの接近,社会経済的視点からの接近など,多様で新しい視座からのアプローチが重要になる.

シリーズ第1巻において,そのような可能性を秘めた新しい取組みを俯瞰した後,情報ネットワークの新しいモデリング手法や設計・制御手法などについて,順次,発刊していく予定である.なお,本シリーズは主として,情報ネットワークを専門とする学部や大学院の学生や,研究者・技術者の専門書になることを目指したものであるが,従来の大学専門教育のカリキュラムに飽き足りない関係者にもぜひ一読していただきたい.

電子情報通信学会の監修のもと,この分野の書籍の出版に長年の実績と功績があるコロナ社の創立90周年記念出版の事業の一つとして,本シリーズを次代を担う学生諸君に贈ることができるようになったことはたいへん意義深いものである.

最後に,本シリーズの企画に賛同いただいたコロナ社の皆様に心よりお礼申し上げる.

2015年8月

編集委員長　村　田　正　幸

まえがき

　この四半世紀の情報ネットワークの成長，発展は目を見張るばかりである．電車内では年齢性別を問わず多くの乗客が熱心にスマートフォンを操作している．また，いわゆるディジタルネイティブにとって「ネット」の無い生活は考え難く，耐え難い．しかし，果たしてそのうちの何割が情報ネットワークやそれを支える技術，更に，その危うさを認識しているだろうか．

　もちろん明日，突然に世界中の情報ネットワークが停止することはない．しかし，多くの研究者，技術者の英知の結晶である情報ネットワークの脆さや限界が指摘されているのもまた事実である．

　本書では，重要な社会基盤の一つとして情報ネットワークが今後も持続発展するため，生物のしくみに学び，研究開発，技術発展の道しるべとする新しいアプローチについて論じている．

　生物はいい加減である．しかし驚くほどうまくできている．構造，機構のいずれをとっても無駄だらけに見えるが，絶妙な無駄具合が生物の生存，繁栄に役立っている．生物の生態を紹介するテレビ番組やビデオの人気が高いのは，単に可愛さや格好良さだけではなく，その驚異的な能力やしくみに多くの人が魅了され，感動するためであろう．

　我々人間も含め現存する生物は進化によって最適化され，選抜された勝者であると考えることができる．何が生物の頑健性や適応性を生み出しているのか，また，観測される形態は何を意味しており，どのように獲得されたのか．そのありさまは，工学システムである情報ネットワークのあるべき姿について多くの示唆を与えてくれる．

　もちろん，生物と工学システムには大きな隔たりがあり，生物のしくみや動作原理がそのまま工学システムの制御技術として使えるわけではない．また，生

物分野の研究は長期にわたる観測と実験を必要とするため，ある生物の振舞いを工学応用につなげるためには，新たな発見や理論の構築を待たなければならないことも多い．

　生物に着想を得た情報通信技術（bio-inspired ICT）の研究に着手した約 10 年前の著者の学会発表に対する感想は「面白い」だった．ところが最近は，「使えそう」「使ってみたい」「使ってみた」に変わりつつある．更に 10 年後，20 年後には，昆虫型（のしくみを使った）スマートフォンや通信機器が脳型（のしくみを使った）インターネットに接続され，世界中の人やモノが時間や空間の壁を超えてやりとりするようになるかもしれない．

　わかりづらい点，説明不足な点なども多々あるかと思われるが，本書を手にされた方々にも，生物の面白さ，また，生物に学ぶことの意義や可能性を感じて頂ければ幸甚である．

　なお，本書の章末問題の解答はコロナ社の web ページ

http://www.coronasha.co.jp/np/isbn/9784339028058/

からダウンロードできるので，ぜひ章末問題にも取り組んでいただきたい．

　末筆ながら，この機会を与えて頂き，また，企画段階よりさまざまなご助言を頂戴した編集委員長の大阪大学 村田正幸氏，編集委員である首都大学東京 会田雅樹氏，情報通信研究機構 成瀬誠氏，東京理科大学 長谷川幹雄氏に深謝いたします．また，執筆の遅れに辛抱強くご対応頂いたコロナ社の皆様に心より感謝いたします．

2015 年 8 月

若　宮　直　紀
荒　川　伸　一

目　　　次

1. 序　　論
1.1　大規模化する情報ネットワーク…………………………………… 1
1.2　通信事業者から見た情報ネットワークの変貌 …………………… 3
1.3　情報ネットワークにおける重要課題 ……………………………… 6
1.4　生物に学ぶ情報ネットワーク ……………………………………… 9
　章　末　問　題…………………………………………………………… 10

2. 生命のしくみに学ぶ
2.1　生物のロバスト性に学ぶ…………………………………………… 13
2.2　生物のゆらぎに学ぶ ……………………………………………… 16
2.3　生物の進化に学ぶ ………………………………………………… 18
2.4　生物のしくみに学ぶ情報ネットワーク …………………………… 22
　章　末　問　題…………………………………………………………… 24

3. 自己組織化と情報ネットワーク制御
3.1　アリの採餌行動と情報ネットワーク制御 ………………………… 26
3.2　ホタルの発光同期と情報ネットワーク制御 ……………………… 32
3.3　体表の模様形成と情報ネットワーク制御 ………………………… 41
3.4　ミツバチの役割分担と情報ネットワーク制御 …………………… 49
3.5　自己組織的な情報ネットワーク制御 ……………………………… 61

章末問題…………………………………………………………… 62

4. 生体ゆらぎと情報ネットワーク制御
4.1 生体ゆらぎとその効用 …………………………………………… 63
4.2 ゆらぎ制御 ………………………………………………………… 66
4.3 ゆらぎ制御にもとづく情報ネットワークのトポロジー制御 ……… 67
4.4 ゆらぎ制御にもとづく情報ネットワークの経路制御 ……………… 84
4.5 ゆらぎ制御の階層化 ……………………………………………… 92
章末問題…………………………………………………………… 103

5. 生体ネットワークと情報ネットワーク
5.1 情報ネットワークの構造的特徴 ………………………………… 104
5.2 生体ネットワークと情報ネットワークの類似点・相違点 ………… 129
5.3 生体ネットワークに学ぶ情報ネットワークの構築 ……………… 134
章末問題…………………………………………………………… 144

6. 結論

引用・参考文献 …………………………………………………… 147
索　　引 …………………………………………………………… 155

第1章
序論

1.1 大規模化する情報ネットワーク

「ネットワーク」という言葉から連想される「モノ」を思い浮かべて欲しい．多くの人は，インターネットのような「情報ネットワークシステム」を思い浮かべるであろう．情報技術（Information Technology：IT）や情報通信技術（Information Communication Technology：ICT）という言葉が世の中に普及して久しく，情報ネットワークは政治，経済，医療，教育の各方面に利用され，我々の生活に深く浸透しつつある．世界最大規模の情報ネットワークシステムともいわれる「インターネット」はもはや，我々が生活を営むうえで必要不可欠な社会インフラといっても過言ではないであろう．

インターネットは，1990年代は主として学術活動に利用されており，現在と比較して小規模であった．いまにして思えば，社会普及に向けた前段階としての研究者らによる（研究者らにとっては大規模な）実験的な情報ネットワークであったと考えられよう．その後，90年代後半から現在にかけて，企業や個人による情報発信や情報取得の場となり，また，インターネットを介したさまざまなネットワークサービスが展開され，我々にとって身近な存在となっている．

図 1.1 は，インターネットを構成する **AS** (Autonomous System) 数の推移を示したものである．ASは，自社でネットワークを構築しているネットワーク事業者であり，インターネットサービスプロバイダ（Internet Service Provider：ISP）などが該当している．

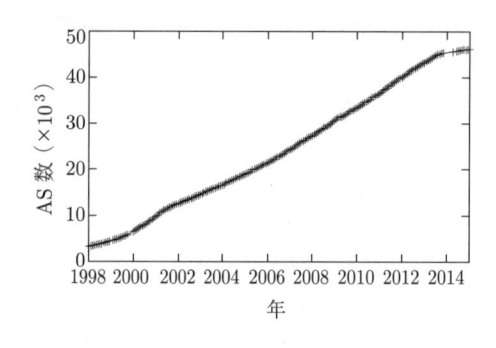

図 1.1 インターネットを構成するAS数の推移

　この図を見ると，90年代から現在にかけてインターネットを構成するAS数が爆発的に増大していることがわかる．この図にはASを構成するルータ台数は含まれていないが，利用者増加に伴ってインターネットの大規模化が進んでいるといえよう．

　インターネットの根幹をなすネットワーク技術はTCP/IP (Transmission Control Protocol / Internet Protocol) である．ただし，インターネット誕生以来，同一のプロトコル実装を使用し続けているわけではなく，例えば通信技術の発展による通信容量の大容量化に伴う機能改良や，アドレス空間拡大に対する社会的な要望に応えるための機能追加がなされている．すなわち，TCP/IPの基本的な考え方を踏襲しつつも，さまざまな通信技術，ネットワーク制御技術，そしてネットワークアプリケーションの技術進展や社会環境（社会要望を含む）に応じて修正が行われている．

　過去のインターネットと現在のインターネットを比較したときに決定的に異なる点は利用者数の違いである．先にも述べたように，過去のインターネットは，誰でもつながることは可能であったものの，専ら特定の利用者が特定の目的のもとで情報交換を行うための場となっていた．現在のインターネットは，さまざまな利用者が，さまざまな目的のもとで，情報交換を含むさまざまなサービスを享受する場となっている．

　例えば，今日の我々は，スマートフォンなどのパーソナルデバイスを（ほぼ常時）手に持ち，電車などで高速に移動しながら乗継ぎ地や目的地に関する情報

を取得し，情報を取得したのちにはメールサービスや映像ストリーミングサービスやSNSサービスを享受している．周りを見渡してもパーソナルデバイスを相手に，自身と同様のサービスを享受しているものや，自身が知らないサービスを享受しているものが見られるであろう．

1.2 通信事業者から見た情報ネットワークの変貌

このようなインターネット利用形態の変貌は，通信事業者の観点からは以下のように捉えることができる．第一に，過去のインターネットでは，インターネットに接続するデバイスは職場や自宅に置かれたパーソナルコンピュータであったが，現在は移動性をもつデバイスが加わっている．

第二に，利用者が享受するサービスが多様化し，利用アプリケーションの違いにより利用者が発する通信の量（以降，**トラヒック量**と呼ぶ）が時間軸に対して大きく変動する．アプリケーションソフトウェアの中には発するトラヒック量の変動が小規模のものもあれば，予期不能なものもあり，また，新たなアプリケーションソフトウェアによって，通信事業者の想定外のトラヒック量を発するものも考えられる．

更には，第一で述べたデバイスの移動性に伴って，時間軸のみならず空間軸に対してもトラヒック量が変動する．特に，ディジタルネイティブの成長に伴ってあまねく全世代にわたってICTのヘビー・コアユーザになると予想されることから，トラヒック量の増加だけではなく，各世代の趣向に応じたサービス展開に伴うトラヒック量の変動が極めて複雑になるものと考えられる．

このようなインターネットの利用形態の変貌に際し，通信事業者は自身のネットワークをどのように構築し制御すればよいのだろうか．最も単純な方法は，過去のインターネットの利用形態に応じて取り組んだ方法を，今後も踏襲していくことである．

例えば，通信回線の敷設や増強にあたって，過去の通信量の履歴から将来の通信需要やその変動を予測し，通信遅延やスループットなどに関する性能要求

とコストのバランスにもとづいて，必要十分な回線容量と配置場所を決定する，などが挙げられる．これは，情報ネットワークを工学システムとして捉え，社会インフラとして求められる性能要件を満たすための最適設計と，それにもとづく決定論的な制御を行うものである．

少なくとも現在我々が利用しているインターネットは，最適設計とTCP/IPに準じる決定論的な制御によって動作しており，利用者が性能に満足を覚えず離れていかない限りは敢えて変更する必要はないかもしれない．しかし，将来のインターネット，あるいは，インターネットに準じる情報ネットワークにおいても，このような方法論は通用するのだろうか．残念ながらこの問いに明確に答えることは困難である．なぜなら，利用者がインターネットに何を求めるか，また，通信技術がどのように発展するかに依存するためである．

利用者がインターネットにいま以上のものを求めず，また，新たに利用者が増えないという前提のもとでは，現状維持が有力な対処策となろう．しかし，先にも述べたディジタルネイティブの成長に伴う利用者人口の増大は確実に見込まれる．また，最近では人が操作するデバイスだけではなく，センシングデバイスと通信デバイスをもった「モノ」がセンサなどによって状態を計測し，ネットワーク接続し，その情報交換によって新たなサービス創発を促進しようとする**IoT** (Internet of Things)/**M2M** (Machine–to–Machine communication) の概念も提唱されている．

一説では，2020年には250億個の「モノ」がネットワークに接続されるといわれており[1],†，インターネットの設計・制御のあり方にも大きなインパクトを与えるであろう利用形態が議論されている．これらのデバイスが有線通信で接続されることは考え難く，ほぼ全てが無線通信で接続されるため，通信帯域が
逼迫することが容易に予想される．

また，デバイス当りデータ通信量，すなわち**ユーザプレーン**（U–Plane：User Plane）トラヒックは小さいものの，その制御，管理のための**制御プレーン**（C–Plane：Control Plane），**管理プレーン**（M–Plane：Management Plane）の

---

† 肩付数字は巻末の引用・参考文献番号を表す．

1.2 通信事業者から見た情報ネットワークの変貌

コストは無視できないほど大きい．そのため，IoT デバイスや M2M デバイスの制御・管理手順を簡略化するなどの検討が進められている．

ただし，ここでは IoT や M2M が実際に社会導入されていくかは重要ではなく，現在のインターネットに対して新たな利用形態やそれに伴う価値を付与しようという取組みが継続的になされ，ネットワーク側では，その要求に応えるための対策を常に講じ続けなければならない点が重要である．

結局のところ，利用者はインターネットに対してこれ以上何も求めないということはなく，常に新しく便利なサービスを求めるものである．利用者数が増加しトラヒック量が増大したとしても，その増大に見合う収益があれば，最適設計にもとづくネットワーク設計・制御でも対処可能である．極端にいえば，利用者の総トラヒック量が 2 倍になったとしても，現在のインターネットと同一の情報ネットワークをもう一つ用意すれば，現状の通信品質を維持することができる．

ただし，この場合は利用者が支払う接続料金は 2 倍以上となる．2 倍以上としているのは，ネットワークの維持費だけではなく運用費用も勘案しているためである．一方，事業者間の競争の中で接続料金は低廉化しており，また，IoT，M2M については **ARPU**（Average Revenue Per User）が携帯電話の数％程度であると考えられている．そのため，回線コストを一定にしつつ容量を引き上げる通信技術や，パケット処理を行うルータコストを一定にしつつ処理能力を引き上げるルータ技術に期待し，実際にこれまで期待どおりに発展してきた．

通信技術については，**ギルダー**（Gilder）**の法則**[2]と呼ばれる「通信容量は半年間で 2 倍になる」という経験則があり，また，ルータ処理能力そのものの経験則ではないが，ルータにおけるパケット処理の中核をなすプロセッサや集積回路については，「集積回路当りのトランジスタ数は約 2 年ごとに 2 倍になる」という経験則である**ムーア**（Moore）**の法則**がある．これらは自然摂理などではなく，関連技術の開発によって達成されるものである．

1.3 情報ネットワークにおける重要課題

今後もこの経験則を維持できるかは関連技術の開発に依存するため不確定であるが，維持できたとしても生じる問題が二つある．一つは先にも挙げたトラヒック量の変動への対処や機器故障への対処，すなわち**ロバスト性**であり，もう一つは**省エネルギー性**である．

通信事業者が**最適設計**によりネットワークを構築する場合を考える．ネットワーク構築は，過去の通信量の履歴から将来の通信需要やその変動予測にもとづいて行われるが，ネットワークを介して交換されるトラヒック量は常に変動するものであるため，何らかのネットワーク制御によって短中期的な変動を吸収する必要がある．

軽微なトラヒック量の変動に対しては，あらかじめ回線容量に余裕を持たせるなどしておくことが考えられる．いわゆる**オーバプロビジョニング**の考え方である．軽微ではないトラヒック量の変動が生じ，オーバプロビジョニングにより余裕を持たせた回線容量では対応しきれなくなって通信性能が悪化すると，トラヒックが流れる経路を制御し，変更することで通信性能の悪化から脱却することも考えられている．このような制御は，**トラヒックエンジニアリング**（traffic engineering）と呼ばれている．

トラヒックエンジニアリングは，構築済みのネットワークの限りあるネットワーク資源を有効に活用するべく，トラヒック量の変動に対応したネットワーク制御を行うものである．ただし，トラヒック量の変動が生じた際に，再び最適設計にもとづいて最適な経路を求め，ネットワーク全体の最適化を図るためには，ネットワークの構造，**トポロジー**（topology）や，通信需要，また，通信回線品質などをリアルタイムかつ正確に把握し，更に，それらの環境条件が変化する前に制御に反映しなければならないため，頻繁に大量の制御情報をやりとりすることで通信容量を圧迫するという問題が生じる．

また，情報ネットワークが大規模，複雑になるに従って，実用的な時間や計

1.3 情報ネットワークにおける重要課題

算量で，構成要素の複雑な連携や相互作用を考慮した最適解を導出すること自体が困難になりつつある．更に，そのような情報ネットワークの複雑化は，事前に想定できないレベルの変動や障害を引き起こす可能性を高めている．

もう一つの問題は，ネットワークの省エネルギー性である．図 1.2 は，米国のルータベンダであるジュニパー社が発表したルータ製品の発表時期と最大システム容量を示したものである．この図から，ルータのシステム容量が年月とともに着実に向上していることがわかる．

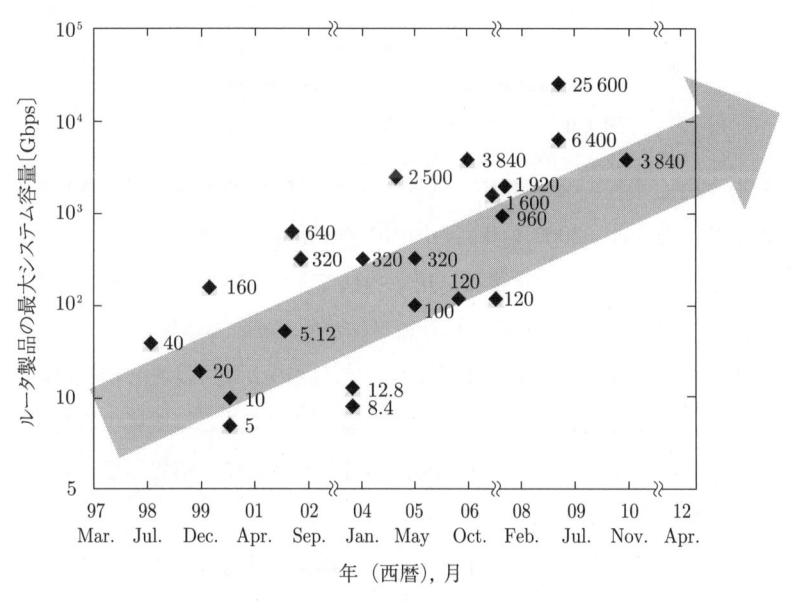

発表時期はプレスリリースの掲載年月としている．また，ルータ製品の
最大システム容量は対数目盛としている．

図 1.2 ルータ製品の発表時期と，そのルータ製品の
最大システム容量

一方で，ルータの最大システム容量時の消費電力を示したものが図 1.3 である．図を見ると，システム容量の増加に伴って，消費電力が着実に増大していることがわかる．すなわち，利用者数の増加に伴うトラヒック量増大を吸収するべく通信容量を増大させていったとしても，通信容量増大に伴う消費電力が上昇する課題が顕在化している．

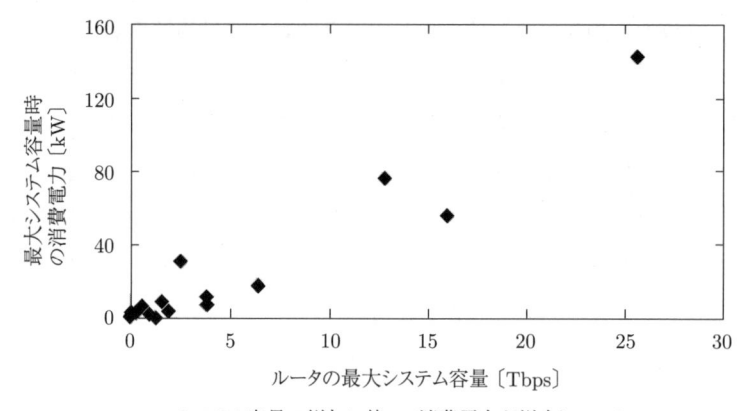

システム容量の増加に伴って消費電力が増大している．

図 **1.3** ルータの最大システム容量時の消費電力

文献3) に示されている試算によれば，2020 年時点の国内に配置されるルータの総消費電力量は，2007 年時点の国内の総消費電力に到達するともいわれている．現在のインターネット構築に用いられてきた設計原理を，継続して使用していくと，消費電力の観点からは存続自体が危ぶまれる事態に陥りかねない．

このような顕在化しつつある問題に対して，どのように対処し持続発展可能なインターネットや情報ネットワークを構築していくことは重要な研究課題となっている．我が国においても **Green of ICT** として，情報通信システムそのものの省電力化に国を挙げて取り組んでいる．

省エネルギー性については，ネットワーク構築の仕方を工夫することによってのみ達成されるものではなく，さまざまな技術開発と一体となって実現していく必要があると考えられる．例えば，省エネルギー性デバイスの開発によってルータ自体の消費電力を削減することは不可欠であろう．デバイス自体の省エネルギー化が促進されるときに課題となるのが，ネットワークの構築や制御に要する消費電力の削減である．

これについては，例えば，優れたネットワーク制御手法を導入することによって，トラヒック量の変動を吸収するためのオーバプロビジョニングを抑制するといったことや，従来のネットワーク制御手法で考えられてきたような，計算に

要する消費電力が膨大となる最適化制御の代替手法を用意しておくことである．

情報ネットワークの構築手法や制御手法については，これまでは最適性が追求されてきた．最適なネットワークを求めるにあたって前提となるのが，今現在のネットワーク環境がどのようになっているかを把握しておくことであり，そのうえで工学システムのようにある規定された環境や想定の範囲内で最大の能力を発揮するための最適化を図るものである．

ところが，現在のインターネットは，さまざまな利用者が，さまざまな目的のもとで情報交換を含むさまざまなサービスを享受する場となっており，情報ネットワークに求められる性能要件や機能要件も多様化している．これに伴って工学的アプローチによる最適化を図るための環境規定や想定すること自体が困難となりつつある．

1.4 生物に学ぶ情報ネットワーク

このような状況に直面するなかで，今後のインターネットや情報ネットワークの構築手法や制御手法として何を考えていけばよいのだろうか．一つの考え方としては，最適性の追求を取りやめて，ネットワーク環境の規定が不要，かつ，想定自体も不要としつつも，トラヒック量の変動に柔軟に対応していくことが可能な構築手法や制御手法を用いることが挙げられる．

このような可能性をもつシステムが生物システムである．生物システムは，常に変化する環境下でも，最適ではないにしても，それなりに動作，機能するしくみを有しており，生来的に適応的で頑健であることが知られている．ただし，当然のことながら，生物システムと情報ネットワークは，その構築目的や要件が異なる別個のシステムである．

したがって，生物システムの振舞いをそのまま模倣するのではなく，生物システムが有する**ネットワークダイナミクス**，すなわち，どのような情報を取得し，ネットワークを介してどのように上手に活用しているか，というその本質を理解し，情報ネットワークの新たな設計・制御原理に取り入れることが重要

である．これによって飛躍的な発展を遂げた情報ネットワークが，将来においても重要かつ信頼のできる社会基盤システムとして更に持続発展できる可能性がある．

本書では，まず2章において，生物システムのもつロバスト性，省エネルギー性などの特性やその原理を概観し，持続発展可能な情報ネットワークの実現にあたって生物のしくみに学ぶことの意義や期待される効果について論じる．

次に，3章において，生物システムの主要かつ重要な原理の一つである自己組織化と，その数理モデルの情報ネットワーク制御への応用例について述べる．生物システムと情報ネットワークは多数の自律動作可能な要素によって構成されている点において非常に類似している．生物システムの自己組織化に学ぶことにより，拡張性，適応性，耐故障性の高い情報ネットワークを構築できる．

また，4章では，生物のゆらぎに着目する．生物はさまざまな外乱，内乱にさらされているが，工学システムのようにゆらぎを抑制，除去して制御効果を高めるのではなく，むしろ，ゆらぎを積極的に利用することによって高い適応性を獲得している．4章では，ゆらぎを活用するネットワーク制御技術の例を挙げ，その効果を論じる．

5章では，まず情報ネットワークの構造解析を行ったあと，生物システムの転写因子ネットワークと情報ネットワークの構造面の類似性に着目した取組みについて述べる．更に，トポロジーの有する構造多様性を情報理論的アプローチによって分析する．

最後に6章において，本分野の今後の展開，展望などについて述べる．

章 末 問 題

【1】 自身がインターネットに接続するための手段を列挙せよ．それぞれの手段に対して自身が求める性能や機能を述べよ．

【2】 情報ネットワークを構築する目的と，構築するにあたって考慮しなければならない事項について，通信事業者の立場からまとめよ．

【3】 インターネットを流れる通信量を調べ，予測値を述べている文献がいくつか存

在する．そのような文献を一つ挙げ，何の通信量を調べているのか，予測値が何にもとづいているのかをまとめよ．

【4】 通信量が変動する要因として考えられるものを列挙し，その時間軸，空間軸上での変動の大小を表としてまとめよ．

【5】 情報ネットワークを運用していくうえで必要となる消費電力の内訳を調査して示せ．また，昨今の通信ネットワークを取り巻く環境を鑑みたうえで，5年後に内訳がどのように推移するかを，その理由とともに述べよ．

第 2 章
生命のしくみに学ぶ

　科学は，自然に学び，その知識を応用することによって発展してきた．扱う事象によって数学，物理学，化学，生物学などの学術領域に分類されるが，いずれもその根源には，周囲の自然のさまざまな現象や構造のしくみ，原理を理解したいという欲求がある．その結果として得られた知見を活用することによって，工学を含む科学技術分野におけるさまざまな問題が解決されてきた．

　自然に学ぶ技術やその研究開発は，ネイチャーインスパイアード（nature-inspired）と称される．なかでも特に生物を対象とするものは，バイオミミクリー（bio-mimicry）やバイオミメティクス（bio-mimetics），あるいは**バイオインスパイアード**（bio-inspired）などと呼ばれている．

　生物模倣の名が表すように，バイオミミクリーやバイオミメティクスが，主として生物の形態，構造，機能に着目し，応用するのに対して，バイオインスパイアードでは，生物のしくみや動作原理，設計論に着想を得た新しい科学技術の創出を目指している．

　生物に学ぶ科学技術の例は，フクロウの風切羽と新幹線のパンタグラフ，モルフォチョウ鱗粉と構造発色繊維，蚊の口器と注射針など多岐にわたる．また，ロボット分野では，ヘビ型，ムカデ型，トンボ型など生物の形態や機構を真似たロボットの開発や，生物の群れ行動をロボット群の協調制御アルゴリズムへ応用するなど，活発な取組みがなされている．

　位置付けは異なるものの，いずれの分野においても，生物を長い年月をかけた進化を通じて最適化されたシステムと考え，その深い理解のもとに，科学技術における諸問題の解決に取り組む点において共通している．また，生物学と連携，融合する学際的な分野であり，特にバイオインスパイアードは数理生物学，分子生物学やシステム生物学などの発展とともに進んできた．

　本章では，生物に学ぶ，バイオインスパイアードなアプローチの意義や，その結果として生み出される情報ネットワークや情報ネットワーク制御技術の有用性，有効性，また解決できる問題について論じる．

2.1 生物のロバスト性に学ぶ

　生物システムは，内乱，外乱に対してロバスト（robust）である．個体においては細胞，組織，器官の一部が，群れや集団においては一部の個体群が欠けても，個体として，群れとして生存し，繁殖することができる．また，温度や湿度などの環境条件が変わっても適応することができる．

　ダーウィンの進化論によれば，現代の生物は長い年月の自然選択を勝ち抜いた勝者であり，ロバスト性（robustness）において最適化されたシステムであると考えることができる．なお，ここではロバスト性を「さまざまな変動に対して機能し続けられること」と定義する．生物における変動には環境の変化や個体の死を含み，機能は生存，繁殖を指す．

　したがって，生物システムがロバストである原理を理解し，応用できれば，トラヒックの輻輳（ふくそう）や無線通信の品質劣化などの短期的，局所的な変動から，DDoS攻撃（Distributed Denial of Service attack）のような急激かつ大規模なトラヒックの爆発，更には複数のリンクやノードの一斉故障などの大規模障害に対してもロバストな情報ネットワークが実現できると考えられる．

　ロバスト性をもたらす原理の一つは適応のための制御機構である．例えば，大腸菌が高熱への曝露（ばくろ）によって変性したタンパク質を修復する熱ショック応答は，熱ショック転写因子 $\sigma 32$ を媒介としたフィードフォワードとフィードバックのループによって構成されることが知られている[1]．

　また，アリやハチなどの**社会性昆虫**の群れは，環境の変化に対して，完全自律分散型のしくみによって群れ全体としての秩序や機能を維持することができるが，この秩序形成においてもポジティブフィードバックとネガティブフィードバックが重要な役割を果たしている．なお，このような社会性昆虫における**自己組織化現象**を**群知能**と呼ぶ．

　一方，フィードフォワードやフォードバックはそれぞれ開ループ制御，閉ループ制御として，工学システムにおいて一般的に用いられる技術である．情報ネッ

トワークにおいても，TCP（Transmission Control Protocol）では確認応答（ACK）を利用したフィードバックによるフロー制御，輻輳制御を実施している．

ただし，大規模で複雑な情報ネットワークの内部状態，外部入力は常に大きく変化し続けている．そのため，制御のためのモデル化，同定や状態推定は困難であり，十分な適応力，ロバスト性を持った制御技術の実現を難しくしている．

また，ロバストであるためには，システムが**冗長構成**であることも重要である．生物の器官は複数の組織からなっており，また，組織は多数の細胞によって構成されている．また，複数の器官，組織，細胞が同じ機能を有している．そのため，一部の細胞，組織，あるいは器官が失われたとしても，能力は低下するものの個体としては機能し続けることができる．

群れにおいては，多くの個体はほかの個体によって容易に代替可能である．アリの群れでは，常に一定割合の仕事をしないアリが存在することが確認されている[2]．これらのアリは，仕事をしているアリの減少や仕事の増加に対処するためのバックアップであると考えられている．もしも仕事量に対して必要十分な最低限のアリしかいないと，このような変動に対して仕事を適切に処理することができず，群れとしての能力，機能が損なわれてしまう．

一方，情報ネットワークにおいては，ノード対間に複数の経路を構築して利用する**マルチパス経路制御**，故障に備えて複数のプロバイダと契約し大域的な通信路の二重化を行うマルチホーミングや，同一内容のデータを複数のアンテナを使って送受信するダイバーシティなど，冗長構成によってロバスト性を高める制御技術がある．

マルチパス経路制御では，複数の経路のうちの一つを主経路として使用し，主経路上でのリンクやノードの障害が発生すると，即座にバックアップ経路に切り替える．その結果，通信の途絶を回避することができる．

更に，システムに**多様性**があることもロバストであるための要件である．全く同じ遺伝子型の細胞であっても，大きさや内部構成などの表現型は互いに異なる．また，同種であっても形質が同じ個体は存在しない．群れを構成する全ての個体間であらゆる形質が等しいと，ある単一の変動，例えば病気によって

群れ全体が容易に死滅してしまう．

一方，情報ネットワークでは，構成要素が均質であることが求められる．多数の機器で構成されたネットワークにおいて，支障なく通信を行うためには，全ての機器が同一の標準化されたプロトコルに従っていなければならない．そのため，プロトコルの設計や制御において想定されていない事象が発生すると，ネットワーク全体が機能不全に陥ってしまう．

他方で，情報ネットワークへの入力，すなわち，アプリケーションの生成するトラヒック（図 2.1）や，接続される通信デバイスの多様性は増大の一途をたどっている．その結果，情報ネットワークが適応すべき変動の規模や大きさが拡大し続けている．

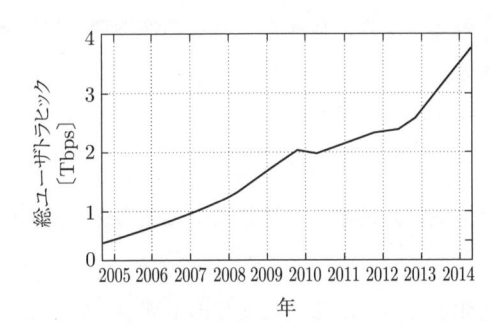

図 2.1 日本における総ユーザトラヒックの増加（総務省：我が国のインターネットにおけるトラヒックの集計・試算（平成 26 年 10 月 7 日）にもとづき作成）

システム自身に多様性を持ち込むことでロバスト性を高めるネットワーク制御も存在するが，多くの場合，あらかじめ作り込まれた，制限のある多様性である．そのため，想定から外れた事象に対しては脆弱である．

先に述べたマルチパス経路制御の場合，共通のリンクあるいはノードのない，リンクディスジョイント（link disjoint），ノードディスジョイント（node disjoint）な経路を組み合わせることでロバスト性を向上できる．しかし，障害の規模が大きいと複数の経路が同時に使用不能になるため通信が途絶する．

したがって，パラメータの組合せや動作モードなどを変動の規模や大きさを規定して設計，制御するのではなく，アルゴリズムや制御機構そのものも含めた多様性を**環境変動**に応じて自ら動的に作り出し，適用するしくみが必要である．

2.2 生物のゆらぎに学ぶ

生物システムは，進化の過程を経て最適化されたシステムであると考えられる．同時に，無駄が多く，いい加減であるともいえ，最適化によって無駄なく洗練された工学システムとは大きく異なる．しかし，生物の無駄の多さが冗長性，更にはロバスト性に寄与しているのと同様に，いい加減さもロバスト性最大化の結果であり，更には生物の省エネルギー性の要因ともなっている．

確率性，あるいはゆらぎは，生物システムの本質的な特性の一つである．別々の同じ種類の細胞内に同量の遺伝子とタンパク質が存在しても遺伝子発現量は同じにならず，多様な細胞が生まれる．また，確率的に起こる突然変異によって全く異なる種類の細胞も生じうる．

アリの行列においても，全てのアリが一列になって餌場に向かうのではなく，列を外れるものが多数存在する．このことによって，新しい餌，より良い餌やより短い道を発見することができ，更に，外敵との遭遇による被害を軽減することができる．

制約条件が既知であり，かつ変化しない，あるいは変化の範囲が一定であれば，厳密なルールやアルゴリズムにもとづいた情報ネットワーク制御が有効である．しかし，あらゆる状況に対してルールを作り込み，対処することは不可能である．また，情報ネットワークの大規模化，複雑化，多様化によって，制約条件そのものが大きく変動するようになっている．

したがって，情報ネットワークにおいても，システム内部の変動やゆらぎを許容することによって，さまざまな状況に柔軟に対処することが必要である．そのようなゆらぎのある制御は，想定を超えた事象に対してロバストであり，また，新しい環境に適応できると考えられる．

ただし，制御が確率的でゆらいでいることは，達成される性能もある分布に従って確率的に変動することを意味する．したがって，例えば遅延に関するサービス品質保証（service level agreement）のあるような通信システムでは，十

2.2 生物のゆらぎに学ぶ

分高い確率で必要な性能を達成できるような設計，制御が必要となる．

また，ゆらぐためには「余裕」や「遊び」を備える必要がある．マルチパス経路制御においてロバスト性の向上を図る場合には，最小ホップ，最小遅延，最大スループットである最適な経路だけでなく，品質が劣る経路も組み合わせて使用することとなる．そのため，通常の動作条件においては，無駄なく100%の性能を発揮するように最適化された制御よりも性能が低くなる可能性がある．

ただし，想定外の状況において最適化された制御の性能が極端に低下，あるいは停止してしまうのに対し，ゆらぎのある制御は機能し続けることができる．また，最適化された制御では新たな環境に合わせて再最適化する必要があるのに対し，ゆらぎのある制御は自律的に新たな環境に適応することができる（図2.2）．

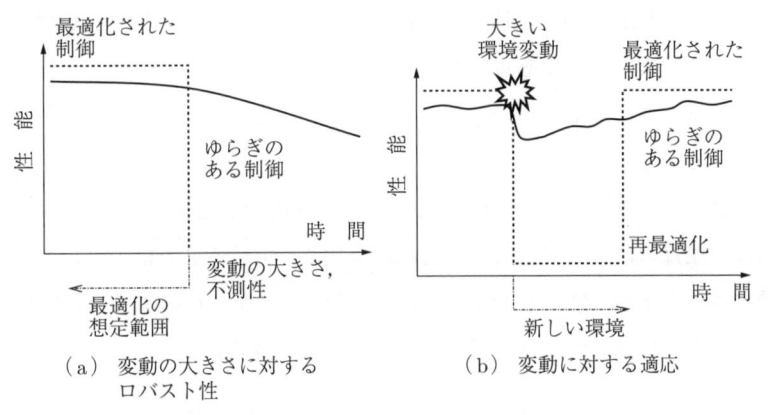

図 2.2 最適化された制御とゆらぎのある制御

更に，通信回線速度の向上に伴って，コンピュータ内のI/Oが情報通信システムのボトルネックとなっていることから，高コストでエネルギーを必要とする性能至上の情報ネットワークから低コストで省エネルギーでありつつもロバストな情報ネットワークへの転換が望まれている．

また，情報ネットワークと同様に大規模複雑系である生物システムは，ゆらぎによって，同じ機能の人工システムと比較して圧倒的な省エネルギーを達成

している．ヒトの脳の消費電力は 10〜30 W といわれているが，その 100 万倍の電力を消費するスーパコンピュータを用いても，ヒトの脳の 1% で 1 秒間に起こる神経回路の活動をシミュレートするのに約 40 分かかる．また，脳型のコンピュータチップが汎用マイクロプロセッサの 176 000 分の 1 の電力消費であったことが確認されている[3]．このような脳の情報処理機構には，入力がなくとも神経細胞が発火を続ける自発ゆらぎが関わっている[4]．

また，分子レベルにおいても筋肉の収縮や細胞運動に関わるミオシンが，ブラウン運動によるゆらぎを活用することによって，大きなエネルギーを必要とすることなく，アクチン繊維を引き寄せていることが明らかにされている[5]．

更に，社会性昆虫は，小型でシンプルな個体が多数集まって協働することによって，多くのエネルギーを消費せずに，巣を作り，餌を集め，幼虫を育て，群れ全体として生存，繁殖している．情報ネットワークは生体と同様に自律分散的に動作する要素の集合である．ただし，自律性を保ちつつシステム全体が適切に動作するように外部からの制御が入っており，そのために膨大なエネルギーが使われている．

したがって，社会性昆虫の群れがトップダウン的な最適制御に依存せず，多数の個体の振舞いによって効果的に自己組織化されていることは，ロバスト性と同時に省エネルギー性にも寄与しているといえる．個々の確率的な振舞い，すなわちゆらぎは自己組織化を可能にする原理の一つである．

2.3　生物の進化に学ぶ

1969 年に ARPANET（Advanced Research Projects Agency NETwork）として誕生した初期の情報ネットワークは，専ら電子メールやファイルなどの情報を扱っていた．1973 年時点において ARPANET を流れていたトラヒックの 75% は電子メールであったといわれている．

現在，情報ネットワークは，動画像のストリーミング，オンラインゲーム，テレビ電話や多地点テレビ会議，遠隔医療，スマートメータなど多様なアプリケー

ションのトラヒックを収容している．2014 年には，北米の固定回線におけるトラヒックの約 43% を Netflix や YouTube の動画像ストリーミングが占めている[6]．

また，接続される通信デバイスも，いわゆるコンピュータに限らず，ゲーム機，家電，センサなど多様化している．更に，通信媒体も銅線，光ファイバ，無線，可視光など，環境や目的に応じた選択が可能である．

このような新たなトラヒックやデバイスの収容，通信媒体の利用など，次々に生まれる要求に応えるために，情報ネットワークは工学的見地から適切と思われるさまざまな機構，構造を導入してきた．図 2.3 は，RFC（Request For Comments）と呼ばれる，IETF（Internet Engineering Task Force）によって企画，策定される情報ネットワークの標準規格の累積発行数を示したものである．年を追うごとに急激に増加していることがわかる．

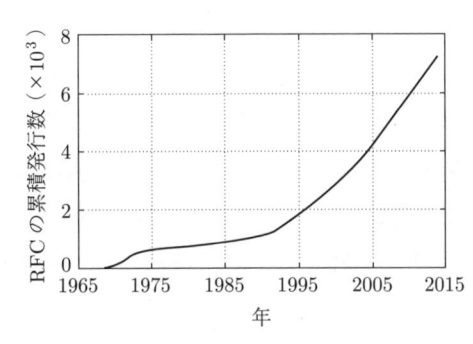

図 2.3 RFC の累積発行数（RFC Editor: Number of RFCs Published per Year にもとづき作成）

その結果，情報ネットワークの制御機構は複雑化した．更に，機構間の不整合による脆弱化，更なる発展の限界も指摘されている[7]．図 2.4 は，インターネットプロトコルの**砂時計モデル**（hour glass model）と呼ばれ，情報ネットワークにおけるプロトコル構造のいびつさを表している[8]．したがって，それぞれの要素技術が目的とする制御の性能最大化のために最適化されていたとしても，情報ネットワークシステム全体として最適であるとはいえない．

一方，生物も，進化の過程において，さまざまな形質を獲得してきたが，それぞれの構造，機構がある状況，条件，用途に特化して最適化されているわけ

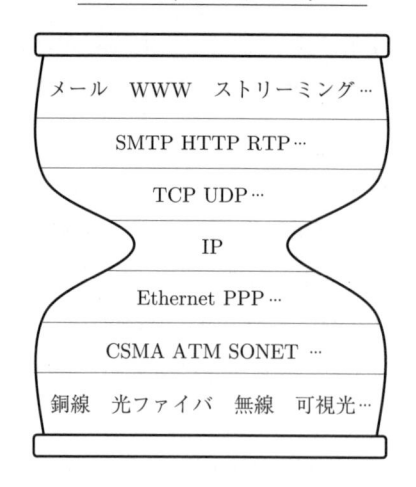

図 2.4　インターネットプロトコルの砂時計モデル

ではない．もちろん，生物システムとしての機能を損なうような不都合，不整合のある形質を導入した種は適者生存の原則に従って滅ぶため，現在，我々が観測できる生物は偶然の成功例とみなすこともできる．

ただし，そのような成功例においても，進化の結果としての生物のしくみに学ぶだけでなく，その過程を学ぶことによって，どのような進化が成功につながるのか，また，なぜ成功したのかを知ることができる．更に，形質導入の過程と，ロバスト性，柔軟性，適応性，省エネルギー性などの特性の獲得との関係を明らかにすることによって，これらの特性を有する情報ネットワークの設計論を確立できると考えられる．

例えば，生物の代謝ネットワークの次数分布が情報ネットワークと同様にべき乗則に従うことは，生物が成長率を最大化する戦略を選択した結果であるといわれている[9]．生物の成長にとっては，代謝を活性化し，より多くの栄養素を生成できることが重要である．

情報ネットワークのべき乗則は，機器構成や地理など物理的な制約の影響が大きいと考えられている．情報ネットワークにおいても，生物と同様の戦略にもとづいて積極的にべき乗則に従うトポロジーへと成長することによって，限られた通信資源の中で，トラヒック流量を最大化する効率的な通信が可能となると考えられる．

また，生物の進化に学ぶことにより，新たな要求に対して自ら適応し，進化することのできる，進化可能性，**進化能**（evolvability）を備えた情報ネットワークを実現することができる．持続進化，持続発展可能な情報ネットワークは，一から作り直し，あるいは大規模な再最適化をすることなく，さまざまな環境変動に耐え，機能し続けることができる．

　生物の優れた特性の一つに**ホメオスタシス**（恒常性，homeostasis）がある．内部や外部の変化に対して状態を一定に保つ恒常性のしくみは，変動に対して安定的な情報ネットワークの実現に役立てることができる．ただし，大きな変動，長期的な変動，予期せぬ変動を生き延びるためには，状態を変化させ新しい環境に適応する能力が必要である．更には，機能やアルゴリズムそのものを自ら作り出し，変化する能力が求められる．

　ディジェネラシー（縮退，degeneracy）は，そのような生物の能力を説明する概念である[10]．ディジェネラシーによれば，複数の機能を有する構成要素が互いに重複する機能を有することが，システムの進化とロバスト性において中心的な役割を果たしている．生物システムにおいては，細胞レベルから，群れ，種，更には生態系に至るまで，さまざまなレベルにおける多様性，冗長性が生まれる．

　生物システムでは，構成要素間で機能が重複しており，冗長である．そのため，ある構成要素の障害や欠損をほかの構成要素が補うことができる．また，大きな環境変動に対して適応するためには，これまでとは違う新しいパラメータ，機能やその組合せを試みる必要があるが，ディジェネラシーを備えたシステムでは，互いに機能を補い合うことにより最低限の機能を達成しつつ，一部の機能を変化させて，解を探索することができる（図 **2.5**）．

　一方，工学システムでは，冗長性を排除するために複数の要素機能間での重複は存在しない．そのため，ある要素機能に障害が発生すると，システム全体が影響を受ける．ディジェネラシーにもとづき，多様性と冗長性を備えた設計を行うことによって，進化し，持続発展する情報ネットワークが構築できると考えられる．進化可能な情報ネットワークについては，機能面での進化[11]～[13]，

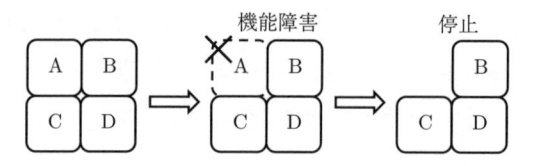

(a) 機能重複のないシステム

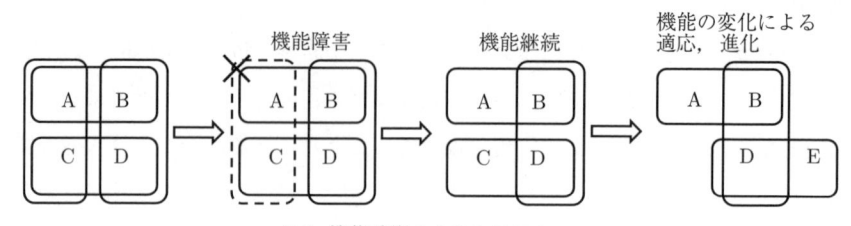

(b) 機能重複のあるシステム

図 2.5 ディジェネラシーによるロバスト性と進化能

構造面での進化[14),15)] などの取組みがある．

2.4 生物のしくみに学ぶ情報ネットワーク

これまで挙げた以外にも，生物システムと情報ネットワークの類似性や，生物システムの優れた特性に着目した研究が取り組まれている．

生物システムは，分子，細胞，組織，器官，個体，集団，生態系のように**階層構造**をもっている．情報ネットワークも同様に，通信デバイス（より詳細には CPU や通信インタフェース，バッファなど）が互いに無線で通信，あるいはハブに接続されることで局地的なネットワークが構成され，それらネットワークがつながりあうことによって構内網（Local Area Network：LAN）ができるように，ネットワークのネットワークとして階層構造を有している．

当然ながら，いずれのシステムにおいても階層間は独立ではなく，相互に作用しあっている．生物が，生態系において環境やほかの生物，個体と適応していく過程で，細胞レベル，遺伝子レベルの遺伝子型，表現型にも変化が生まれる．一方，ボトムアップ的には，表現型として現れた形質がより上位層での外

部,他者との相互作用に影響を与える.

同様に,局所的なトラヒックの負荷状態は,物理的なネットワーク資源を共有しているほかのトラヒックの通信品質に影響を与え,経路が切り替わる,送信レートが調整されるなどの影響を与え,更に影響が伝搬することによって,中規模・大規模,また,より上位の階層の制御が引き起こされる.また,上位層の制御によって下位層の通信品質や制御の性能に変動が生じる.

このような階層間の相互作用を,構造的階層,機能的階層の両面から分析,理解し,更には設計や制御に応用する**マルチスケール・マルチフィジックス**は,生物学,医学,高分子化学や材料工学など多様な分野で取り組まれている.情報ネットワークにおいても,機能的,また構造的な階層構造の空間的,時間的なスケールや,そのダイナミクスに関する研究が実施されている.

文献16) では,生物システムが環境に応じて自身のシステムを調整し,適応していく過程に対して,情報理論的解釈を与えている.生物システムは環境の制約を受けつつも環境変化に適応し,自身のシステムをチューニングするが,環境に特化されすぎたシステムは新たな環境の制約に応じた環境適応が困難となる一方で,環境に特化されていないシステムは新たな環境の制約下でも適応し得ることを述べている.

環境に特化されていくことは,生物システムの構成要素の役割が(ほかの構成要素の役割に依存して)定められていくということであり,構成要素間の相互情報量は大きくなる.一方で,システムの構成要素の相互情報量が小さく,役割の依存性が薄い場合には,構成要素はいかようにも変容することが可能となる.

情報ネットワーク構築の観点からは,最適化によって得られるネットワークの構成要素には最適性を達成するための役割が付与されていると解釈することができる.このような構築指針から脱却し,情報ネットワークの構成要素間の依存性を極力排除することができれば,環境適応能力に優れた情報ネットワークが構築できるであろう.

脊椎動物の免疫系は,多様な異物に一様に対処する自然免疫系(先天性免疫系)と,新たな異物を学習し,個別に攻撃する獲得免疫系(後天性免疫系)か

らなっている．特に後者は，誤って生体を害することがないよう，自己と非自己を区別するという重要なしくみを持っている．

獲得免疫系のしくみに学ぶことにより，通常のトラヒックとDDoS攻撃などの異常なトラヒックを自律的に区別し，ブロックするなどの対処が可能となる．このような機構を**人工免疫システム**（Artificial Immune Systems：AIS）と呼ぶ．人工免疫システムは，ウィルス対策，侵入検知や，無線ネットワークにおける不正行為の検出にも利用されている[17),18)]．

更に，花や鳥など細部が異なる物質を同じ種類のものと認識したり，大量の視覚情報の中から重要と思われるものに注視したりする，脳の認知のしくみを応用することによって，大規模無線センサネットワークの効率的な通信，情報処理を実現する試みや[19)]，循環器系に学んだ無線センサネットワーク制御などがある[20)]．

なお，本書では主として脳科学を含む生物学での知見の情報ネットワークへの応用を取り扱っているが，ゲーム理論など，社会科学や経済学といった学問分野との学際的な連携も新しい情報ネットワークの構築に有効である．

章 末 問 題

【1】 さまざまな分野における，生物に学ぶ事例を調査し，形態や構造に学ぶもの，機能に学ぶもの，しくみに学ぶものに分類せよ．
【2】 生物のロバスト性を示す事例を挙げ，そのロバスト性をもたらしている原理について論ぜよ．
【3】 生物の階層構造と情報ネットワークの階層構造を，機能面，構造面から対比させ，その類似点と差異をまとめよ．
【4】 情報ネットワークが直面する，あるいは今後直面すると考えられる問題と，その解決に役立つ生物のしくみについて論ぜよ．
【5】 進化可能な情報ネットワークとはどのようなものか論ぜよ．

第3章
自己組織化と情報ネットワーク制御

　大規模複雑系である生物システムが，内因性，外因性を問わずさまざまな変動（ノイズ，ゆらぎ，摂動）にさらされつつも，破綻せずに機能し，持続発展できる背景には**自己組織化**（self-organization）がある．
　ここでは，自己組織化を「局所的な情報を用いた単純なルールによって動作する要素の相互作用により，全体としての機能，構造，秩序などが形成されること」と定義する．機能や構造，秩序をパターンと総称してもよい．
　したがって，自己組織化の過程においては，統括者や支配者のような上位階級や外部からのトップダウン的な指示や制御は存在しない．いわば，相互作用する要素の自律的な行動の結果として，ボトムアップ的に，要素の単なる総和を超えた性質や能力，構造，すなわちパターンが全体として現れる．これを**創発**（emergence）と呼ぶ．
　工学システムである情報ネットワークを最適かつ厳密に制御するためには，管理サーバが全てのノードの通信量やリンクの品質など，時々刻々と変化する通信状態を把握し，最適解を導出して制御に反映することとなる．必要十分な情報を得て，適切なアルゴリズムを用い，その結果を実行することができれば，システムの挙動は最適になる．
　ただし，このような**集中型制御**は，ノード数や変化の度合いが増すに従って，容易に破綻する．管理サーバへの負荷集中，最適解導出の計算時間，状態管理及び制御指示のための通信量などが爆発的に増大し，システムが耐えられなくなるためである．
　システムを分割し，階層化することによって制御対象を制限する手法も広く採られているが，一時的な対処にすぎず，根本的な解決にはなっていない．また，階層化することによってシステムが分断，細分化されるため，かえって制御の最適性を損なう場合もある．
　また，管理サーバでの処理をノードで分散して実施する，**分散処理・分散制御**も一般的に用いられている．しかし，分散制御においては，ノードごとに独立して行

われる処理への入力（制御情報）や出力（制御結果）に関するシステム全体での一貫性の維持が問題となる．

一方，自己組織化の原理を応用すれば，通信状態などに関する全体情報を収集，共有することなく，個々のノードの自律的な判断にもとづく制御によって，ネットワーク全体として所望の機能，制御目標を達成することができる．

自己組織化は，化学，物理学，社会科学などのさまざまな学術分野において取り扱われている現象である．本章では，特に，生物システムに見られる自己組織化現象をいくつか取り上げ，そのしくみを説明する数理モデルやアルゴリズムを紹介する．更に，情報ネットワーク制御への応用例を挙げて，自己組織型の情報ネットワーク制御の利点や欠点，限界などについて論じる．

3.1 アリの採餌行動と情報ネットワーク制御

アリの採餌行動

自己組織化現象は，遺伝子，細胞，組織から，群れや集団に至るまで，生物システムのさまざまなレベルで確認されている．特に，アリやハチなどの集団行動をとる社会性昆虫や，魚，鳥などの群れにおける自己組織化現象は**群知能**（swarm intelligence）と呼ばれ，多くの研究がなされている[1]．

アリの採餌行動における**最短経路**の構築は群知能の好例である（図 **3.1**）．巣を出たアリは，ランダムに移動しながら餌を探し，餌を見つけると，道しるべとなる**フェロモン**（trail pheromone）と呼ばれる揮発性の化学物質を地面に残しながら巣に戻る．ほかのアリは，道しるベフェロモンに引きつけられ，これをたどることで餌に到達し，更にフェロモンを残しながら巣に戻ることで経路

図 **3.1** 一列になって歩くアリ

3.1 アリの採餌行動と情報ネットワーク制御

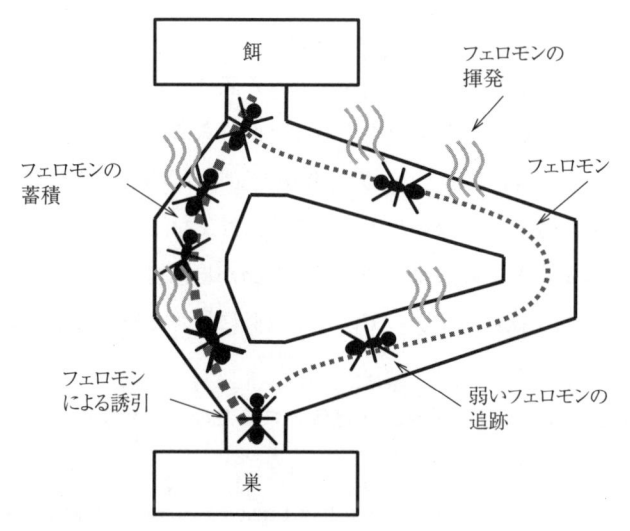

図 3.2 フェロモンによる最短経路の構築

を強化する（図 3.2）．

　アリによるフェロモン追跡は決定論的ではないため，フェロモンが周囲にあってもこれをたどるとは限らず，また，フェロモンが残された道から容易にそれる．このことによって，巣と餌の間には複数の経路が生まれるが，フェロモンは揮発性があるため，長い経路よりも短い経路のほうにより多くのフェロモンが残る．その結果，より多くのアリが短い経路を通り，より強化されるため，ほとんどのアリが最短または最短に近い経路を通るようになる．

　アリによる最短経路の形成においては，アリの間に直接的なコミュニケーションや相互作用は存在しない．アリは，地面に道しるべフェロモンを残すことによって環境に変化をもたらし，また，変化した環境への応答として道しるべフェロモンをたどる．このような環境を介した間接的な相互作用を**スティグマジー** (stigmergy. "印"や"跡"を意味する *stigma* と "仕事"や"行動"を意味する *ergon* を組み合わせた造語）と呼ぶ．

　また，短い経路が十分に強化されたあとも，フェロモン量の少ない経路をたどるアリや，フェロモンのない領域を探索するアリが存在する．これらのアリ

によって，別の，あるいは新しい餌を発見することができる．また，餌への迂回路が維持されることにより，主経路が失われた際にも再度ランダムな経路探索を行うことなく，継続的に餌を収集することができる．

このように，巣や餌の位置といった全体像を知覚できず，また，群れに対して指示を出す統括者が存在しないにも関わらず，フェロモンの蓄積と誘因という局所的かつ自律的なしくみによって，最短経路が自己組織的に形成される．更に，アリの確率的な振舞いによって，環境変動に対する適応性や頑健性が獲得されている．

E. Bonabeau らは，自己組織化が達成されるために備えるべき要件として以下の四つを挙げている[1]．

① 正のフィードバック（positive feedback）による解の強化，構造の形成
② 負のフィードバック（negative feedback）による解の安定化
③ ゆらぎ（fluctuation）による新たな解の探索
④ 相互作用（mutual interaction）

アリの最短経路構築においては，それぞれ道しるべフェロモンの累積，揮発，アリの彷徨と，フェロモンによる誘引が対応する．

アリコロニー最適化

このアリの採餌行動における自己組織化現象は，アリコロニー最適化（Ant Colony Optimization：ACO）と呼ばれる最適化問題の発見的手法として定式化され，巡回セールスマン問題（Traveling Salesman Problem：TSP）などに適用されている[2]．

Ant System（AS）は，TSP をベンチマークとして提案された ACO の一つである[3]．n ノードからなるグラフを考える．初期状態では，それぞれランダムな初期ノードに m 匹のアリが配置される．各ステップにおいて，全てのアリは，それぞれノードを確率的に選択し，同時に移動する．

あるノード i にいるアリ k がノード j に移動する確率 p_{ij}^k は，ノード間距離 d_{ij} とその辺 (i,j) のフェロモン量 τ_{ij} から次式によって与えられる．

$$p_{ij}^k = \frac{\tau_{ij}^\alpha d_{ij}^{-\beta}}{\sum_{j' \in A_k} \tau_{ij'}^\alpha d_{ij'}^{-\beta}} \tag{3.1}$$

なお，α, β は係数であり，A_k はアリ k が未訪問のノードの集合である．

n ステップの移動を繰り返したあとに，それぞれのアリの移動距離に応じてノード間の辺にフェロモンが蓄積される．

$$\tau_{ij} \leftarrow \rho \tau_{ij} + (1-\rho) \sum_{k=1}^{m} \frac{Q}{L_k} \tag{3.2}$$

なお，L_k はアリ k の移動距離の和，ρ は平滑化係数（$0 < \rho < 1$）である．

フェロモン量の更新後，A_k を空にして，最初のステップに戻る．事前に定められた回数，あるいは収束判定の終了条件を満たすまでこの手順を繰り返し実行した結果，L_k が最小のアリが通った経路が解として得られる．繰返し回数を N とすると，AS の計算量は $O(Nn^2m)$ であり，更に最適なアリの数 m とノード数 n が比例関係にあることから $O(Nn^3)$ である．

アリコロニー最適化を用いた情報ネットワーク制御

ACO を応用した情報ネットワーク制御として，電話網における負荷分散手法 ABC（Ant–Based Control）[4] や，有線網における経路制御手法 AntNet[5]，無線アドホックネットワークにおける経路制御手法 AntHocNet[6] など，数多く提案されており，その有効性が示されている．

アリの採餌行動では，アリの相互作用はスティグマジーによって実現されている．したがって，これらの手法では，ノードに変数としてフェロモン量を保持し，アリを模した制御メッセージをノード間でやりとりすることでこれを更新する．そのため，制御メッセージ間の直接的な情報のやりとりは発生せず，制御オーバヘッドの削減，制御の拡張性に貢献している．

ノードは，保持したフェロモン量にもとづいて選んだ隣接ノードに制御メッセージを順次転送する．制御メッセージの観点からは，フェロモンをたどってノード間を移動していると考えられるため，制御メッセージを自律的に動作するモバイルエージェントとみなすこともできる．

また，データメッセージも同様にフェロモン量にもとづいて決定された隣接ノードに転送される．フェロモン量の多寡が転送先としての隣接ノードの良否に，更には経路の品質に対応するよう，制御メッセージは自らがたどった経路の評価値に応じてフェロモン量を更新する．なお，ASと同様にフェロモンを累積加算する手法と，経路の評価値で置き換える手法がある．

フェロモンを累積加算する手法では，フェロモン量が漸減あるいは漸増するため，一般的に経路の収束が遅い．一方，フェロモン量として経路の評価値を用いる手法では，制御メッセージによる評価値の変化や誤りによって経路が大きく変化してしまう．

AntNetは，ネットワーク内の各ノードが他の全ノードに対する経路を常に発見，更新，維持するプロアクティブ型の経路制御手法である[5]．それぞれのノード k は，宛先ノード d ごとに，隣接ノード n の選択確率 P_{nd} を定めた経路表 T_k と，宛先ノード d への経路の遅延の平均と分散を記録した行列 M_k を保持している．ここで，N_k をノード k の隣接ノード集合とすると，$\sum_{n \in N_k} P_{nd} = 1$ である．

それぞれのノード（s とする）は一定時間 Δt ごとに，宛先ノード d にあてて forward ant と呼ばれる制御メッセージを生成する．宛先ノードは，ノード s からのトラヒック量から次式で算出される確率にもとづいて選択される．

$$P_d = \frac{f_{sd}}{\sum_{d'}^{N} f_{sd'}} \tag{3.3}$$

ここで，N はノード数，f_{sd} はノード s からノード d へのトラヒック量である．

forward ant は，次式で与えられる確率 P'_{nd} によって隣接ノード n を選択して移動する．なお，全ての隣接ノードを訪問済みの場合には等確率で選択する．

$$P'_{nd} = \frac{P_{nd} + \alpha l_n}{1 + \alpha(|N_k| - 1)} \tag{3.4}$$

ここで，k は現在 forward ant が位置するノードである．また，α は重み係数である．l_n は隣接ノード n 向け通信の負荷を表し，出力バッファの送信待ちデー

タ量 q_n を用いて次式で与えられる．

$$l_n = 1 - \frac{q_n}{\sum_{n' \in N_k} q_{n'}} \tag{3.5}$$

forward ant は訪問したノードを記憶しながら順次ノードをたどっていく．訪問済みのノードに到着した場合には，経路にループが生じているため，ループ区間のノードを記憶から削除する．

forward ant が宛先ノード d に到達すると，宛先ノード d で backward ant と呼ばれる制御メッセージが生成される．backward ant は，forward ant から経路情報を引き継ぎ，送信ノード s に向けて forward ant の通った経路を逆向きにたどりながら各ノードにおいて経路情報を更新する．

ノード f からノード k に到達した backward ant は，ノード k からノード d までの経路に含まれる各ノード d' について，ノード k からの遅延の実測値と M_k に保持された遅延を比較する．実測値のほうが小さければ，次式により経路表 T_k 内の確率 $P_{nd'}$ を更新する．

$$P_{nd'} \to \begin{cases} P_{nd'} + r(1 - P_{nd'}) & (n = f) \\ P_{nd'} - rP_{nd'} & (n \neq f) \end{cases} \tag{3.6}$$

ここで，r は選択確率の増分であり，道しるべフェロモンに相当する．r としては，定数や遅延の関数が用いられる．

ノード s とノード d の間で繰返し forward ant と backward ant をやりとりすることにより，各ノードにおいて十分なフェロモンが蓄積され，経路が収束する．図 **3.3** に，AntNet によって左上のノードから右下のノードに向かって構築された経路の例を示す．図中，細い実線はノード間のリンクを，太い実線は最も選択確率が高いノードを順に選ぶことでできる経路を表す．

アリの採餌行動における自己組織的な最短経路構築のしくみを応用した経路制御により，最適に近い経路が得られること，既存手法と比較して，トラヒックやトポロジーの変化に対して適応的かつロバストであること，また，制御負荷が低いことなどが確認されている．また，それぞれのアリの行動が経路構築

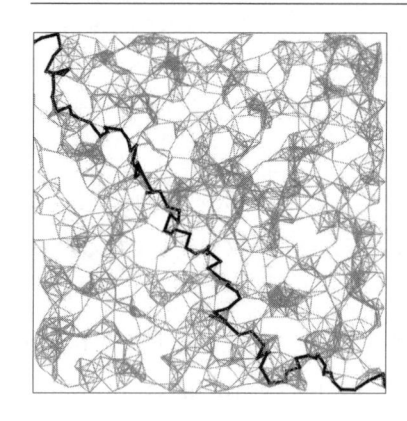

図 3.3 AntNet により構築された経路の例

に与える影響が小さいため，制御メッセージのロスや誤りに対する耐性も高い．

一方で，確率的に振る舞うアリによるフェロモン蓄積に依存しているため，経路の収束に時間がかかり，構築される経路も全体最適であるとは限らない．例えば，同時に多数のアリを用いることによって収束を早め，また，より最適に近い解を得ることが可能であるが，制御メッセージのやりとりによる帯域消費のオーバヘッドが問題となる．

また，アリの蓄積するフェロモン量を多くする，あるいは軽微なフェロモン量の差が移動先ノードの選択確率に大きな違いを与えるようにすれば，フェロモンによる経路強化の効果が高くなるため，収束が早くなるが，一方でたまたま見つかった経路に収束するため，経路制御の最適性が損なわれる．

特に，通信要求が発生してから経路を構築するリアクティブ型の経路制御を行う無線アドホックネットワークにおいてはこれらの問題が顕著になるため，GPS などで得られる位置情報を利用した経路制御との組合せや[7]，領域を分割してサブ領域ごとに経路制御を行う[8]などの工夫が必要となる．

3.2 ホタルの発光同期と情報ネットワーク制御

ホタルの発光同期現象

情報ネットワークにおいては，時計やタイマの同期が必要不可欠である．例え

ば，実時間制御のためにメッセージの送受信時刻の差からエンド間遅延を算出するには，送信側，受信側の双方の端末の時計が同期していなければならない．

また，無線センサネットワークでは，省電力化のためにそれぞれのセンサノードがアクティブ状態とスリープ状態の間を繰り返し遷移する**スリープ**制御を実施するが，送受信ノード間でアクティブになるタイミングが一致しなければ，一方が他方の復帰を待つ必要が生じ，無用の電力が消費されてしまう．

そのため，インターネットにおいては時刻同期の標準プロトコルとしてNTP (Network Time Protocol) が用いられており，また，無線センサネットワークではRBS (Reference Broadcast Synchronization)[9]，TPSN (Timing–sync Protocol for Sensor Networks)[10]，FTSP (Flooding Time Synchronization Protocol)[11] などによって時刻同期が達成されている．

しかしながら，これらの手法では，時刻同期のためにノード間で制御メッセージをやりとりしなければならないため，ノード台数が多い場合や，時刻誤差が大きい場合には，制御メッセージによってデータ通信が阻害されるなどの問題が生じる．また，ノード間の隣接・主従関係や木構造など，時刻同期のためのトポロジー制御のオーバヘッドも生じる．

一方，生物界においては，ホタルやコオロギなどにおける自己組織的な同期現象が知られている．例えば，東南アジアに生息するホタルは，単独では自身のタイマ周期にもとづいて発光するが，群れになると発光が同期する．ホタルの間に主従関係はなく，ほかのホタルの発光を観測すると自身のタイマを少し進めるという，発光を通した相互作用によって同期が自己組織的に達成される[12]．

パルス結合振動子モデル

このホタルの発光同期現象は，**パルス結合振動子**と呼ばれる非線形システムとしてS. H. Strogatzらによって数理モデル化されている[13]．

同じタイマ周期Tで動作する振動子O_iの集合$S = \{O_i | i = 1, \cdots, N\}$を考える．振動子$O_i$のタイマ位相$\phi_i$ ($0 \leq \phi_i \leq 1$) は次式によって変化する．位相は1に達すると0に戻る．

$$\frac{d\phi_i}{dt} = \frac{1}{T} \tag{3.7}$$

また，振動子 O_i の状態 x_i ($0 \leq x_i \leq 1$) は，タイマ位相の連続で上に凸な単調増加関数 f によって与えられる．

$$x_i = f(\phi_i) \tag{3.8}$$

振動子 O_i は状態 x_i が 1 になると発火し，結合関係にある振動子 O_j に刺激を与え，その状態を ϵ だけ増加させる．

$$x_j \rightarrow \begin{cases} \min(1, x_j + \epsilon) & (O_i と O_j が結合関係にある場合) \\ x_j & (結合関係にない振動子の場合) \end{cases} \tag{3.9}$$

刺激を受けた結果，状態 x_j が 1 になると振動子 O_j も発火し，このとき，振動子 O_i と振動子 O_j が同期したとみなす．これらの振動子のタイマは同時に初期化され，以降，同時に発火を繰り返す（**同相同期**）．

また，このような振動子間の相互作用を繰り返すことにより，互いに直接刺激を与えあわない振動子集合においても，結合関係のネットワークが連結であれば，全体の完全同期が達成される[14]．タイマ周期が異なる振動子集合の場合には，最も周期が短いものに同期する．

図 3.4 は，タイマ周期の逆数で与えられるタイマ周波数を 0.9〜1.1 の範囲でランダムに設定した振動子集合において，ランダムな初期位相から同期が達成

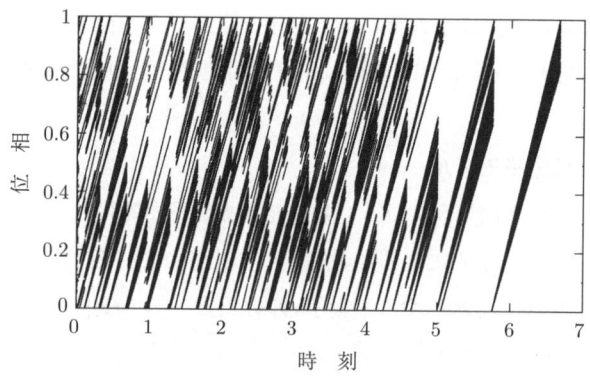

図 **3.4** パルス結合振動子における同期の様子

される様子を表している．振動子は 100 m 四方のユークリッド平面にランダムに配置され，20 m 以内の距離にある振動子間で刺激を与えあう．図より，状態が 1 に達するタイミングが振動子間で次第に一致していくことがわかる．

このパルス結合振動子モデルにおいて同期が自己組織的に確立されるためには，位相–状態関数 $f(\phi)$（図 **3.5**）が非線形でなければならない．

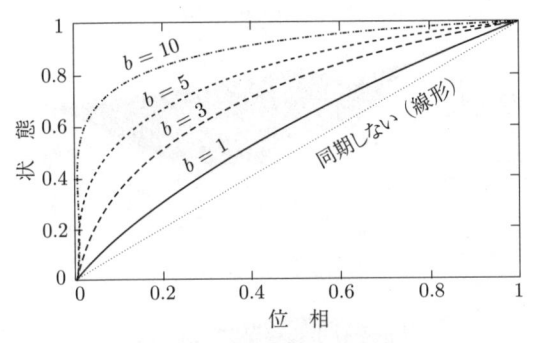

図 3.5 位相–状態関数 $f(\phi)$ の例

図 3.4 では，次式で与えられる関数 $f(\phi)$ を用いている．

$$f(\phi) = \frac{1}{b}\ln(1 + [e^b - 1]\phi) \tag{3.10}$$

線形な位相–状態関数の場合には，振動子間で繰り返し刺激を与えあっても初期位相の差が維持されたままで同期しない．b は関数の非線形性を定めるパラメータであり，大きいほど刺激を受けた際の位相の変化量が大きくなるため，収束が早くなる．また，式 (3.9) において，刺激当りの状態の変化量 ε が大きいほど収束が早くなる．

図 **3.6** に，タイマ周期，b，ε が収束時間や収束率に与える影響を示す．図 (a) はタイマ周期 0.9～1.1，図 (b) はタイマ周期 0.8～1.2 の場合に，振動子集合が同期できなかった割合（同期失敗率）をそれぞれ示している．また，図 (c) はタイマ周期 0.9～1.1 の場合に収束までに要した時間（平均収束時間）を示している．

(a) タイマ周期 0.9〜1.1

(b) タイマ周期 0.8〜1.2

(c) タイマ周期 0.9〜1.1

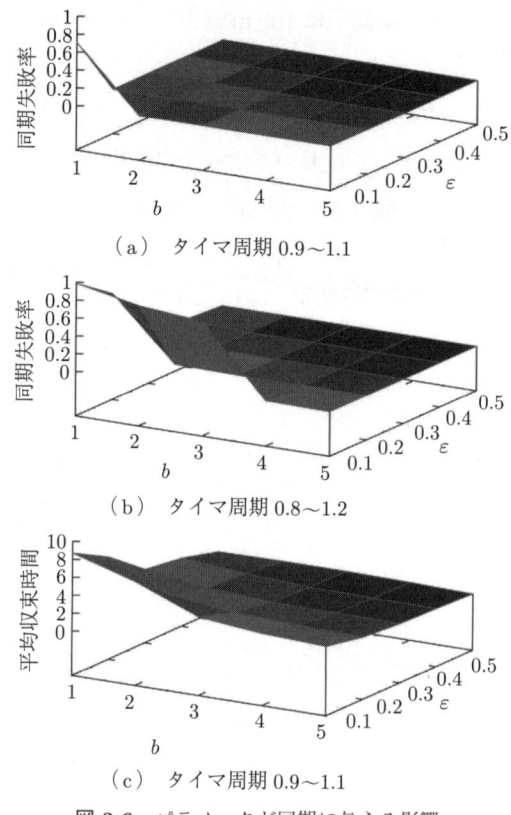

図 3.6 パラメータが同期に与える影響

　これらの図から，タイマ周期の違いが大きい振動子集合では同期の達成が難しくなることがわかる．また，b, ε を大きくすることによって収束性が向上する．特に，b, ε の組合せによって収束率が大きく変化する．このことから，迅速かつ確実な同期の達成のためには b と ε を大きくすればよいと考えられる．

　しかし，b, ε が大きいことは，ある振動子の 1 回の発火が結合関係にある他の振動子の位相与える影響が大きいことを意味する．したがって，タイマに誤差やドリフトがある場合や，振動子の結合関係が変化した場合には，同期が大きく乱れ，不安定になる．

　一方，B. Ermentrout らのパルス結合振動子モデルでは，状態は定義されず，

位相に与える刺激の大きさが振動子の位相によって非線形に変わる[15]．タイマ位相は式 (3.7) に従って推移するが，刺激を受けると次式によって変化する．

$$\phi_i \to \phi_i + \Delta(\phi_i) \tag{3.11}$$

$\Delta(\phi)$ は，**PRC**（Phase Response Curve，あるいは Phase Resetting Curve）と呼ばれる．PRC の例として，QIF（Quadratic Integrate–and–Fire）

$$\Delta_{QIF}(\phi) = a(1 - \cos 2\pi\phi)$$

と RIC（Radial Isochron Clock）

$$\Delta_{RIC}(\phi) = -a \sin 2\pi\phi$$

を図 **3.7** に示す[16]．

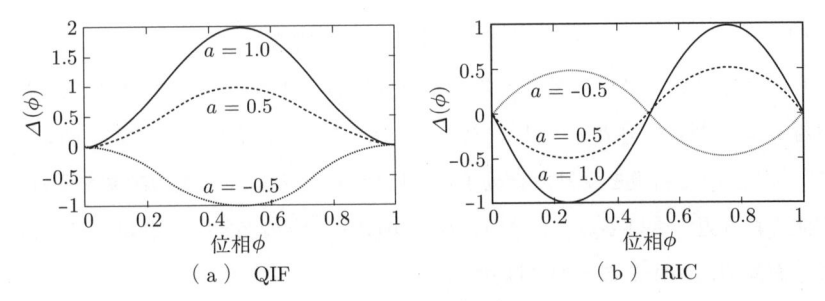

図 **3.7** PRC の例

ここで，二つの振動子 O_i と O_j を考える．タイマ周期 $T = 1$ とする．また，振動子 O_j の位相 ϕ_j が 1 となり，発火した瞬間を時刻ゼロとする．このとき，振動子 O_i の位相 ϕ_i が ϕ であったとすると，刺激を受けることによって位相は $\phi + \Delta(\phi)$ となり，これを $F(\phi)$ とおく．同時に振動子 O_j の位相は初期化されてゼロになる．

次に，時刻 $1 - F(\phi)$ に振動子 O_i の位相が 1 になり，発火したあと，ゼロに初期化される．このとき，振動子 O_j の位相は $1 - F(\phi)$ から $F(1 - F(\phi))$ に変化する．更に，時刻

$$1 - F(\phi) + 1 - F(1 - F(\phi)) = 2 - F(\phi) - F(1 - F(\phi))$$

において，振動子 O_j の位相が再び 1 となって発火する．

2 回目の刺激を受ける直前の振動子 O_i の位相 $1 - F(1 - F(\phi))$ を $h(\phi)$ とおく．すなわち，$h(\phi)$ は，位相 ϕ で 1 回目の刺激を受けた振動子が 2 回目の刺激を受ける位相を表す．この位相の変化と $F(\phi)$，$h(\phi)$ の関係を**表 3.1** に示す．なお，発火直前の時刻に対して発火直後の時刻を $+$ で表す．

表 3.1 位相の変化と $F(\phi)$, $h(\phi)$ の関係

時　刻	O_i の位相	O_j の位相
0	ϕ	1
0^+	$\phi + \Delta(\phi) = F(\phi)$	1
$1 - F(\phi)$	1	$1 - F(\phi)$
$[1 - F(\phi)]^+$	0	$F(1 - F(\phi))$
$1 - F(\phi) + 1 - F(1 - F(\phi))$	$1 - F(1 - F(\phi)) = h(\phi)$	1

PRC に応じて $h(\phi)$ はさまざまな形状となる．**図 3.8** に $h(\phi)$ の例を示す．これらの図をファイヤリングマップ（firing map）と呼ぶ．図 (a) では，$h(\phi)$ と直線 $y = \phi$ が $\phi = 0$ と $\phi = 1$ で交点をもつ．このファイヤリングマップにおいて，位相 ϕ_1 で刺激を受けた振動子は，位相 $\phi_2 = h(\phi_1)$ で次の刺激を受ける．刺激を繰り返し受けることにより，$\phi = h(\phi) = 1$ となるが，これは，二つの振動子が同相同期することを意味する．

一方，$0 < \phi < 1$ で交点をもつ図 (b) のファイヤリングマップにおいては，初期位相によらず，やがて $h(\phi_c) = \phi_c$ に収束し，振動子は常に位相 ϕ_c で他

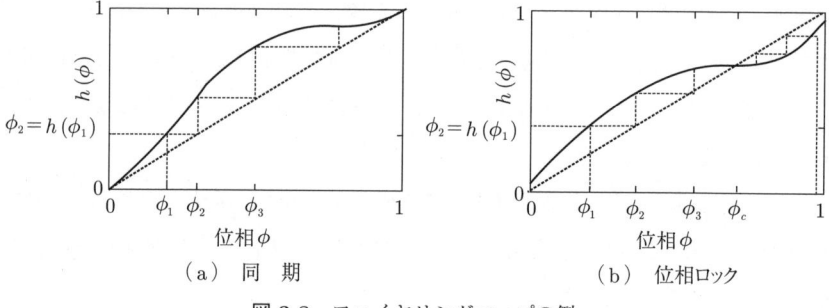

(a) 同　期　　　　　　(b) 位相ロック

図 3.8 ファイヤリングマップの例

方の振動子から刺激を受けるようになる．このとき，二つの振動子は位相差 $1-\phi_c$ で交互に発火する．このような固定の位相差が保たれる状態を **位相ロック**（phase–locked）と呼ぶ[17]．

ユークリッド空間上に振動子を配置し，パルス結合振動子モデルによって位相ロック状態を作ると，空間内を発火が伝搬する **進行波**（traveling wave）を自己組織的に形成することができる．

パルス結合振動子モデルを用いた情報ネットワーク制御

振動子をセンサノード，振動子の発光を無線通信とみなすことにより，パルス結合振動子モデルを無線センサネットワークの同期制御，**スケジューリング** に応用した手法がさまざまに提案されている[18],[19]．

ネットワーク全体の完全同期に限らず，例えば，無線ネットワークにおいて，位相ロックを用いて電波の干渉範囲にある端末間で通信タイミングをずらすことにより，空間的な時分割多次元接続方式（spatial time division multiple access）のスケジューリングを自己組織的に実現できる（図 3.9）．また，ツリー

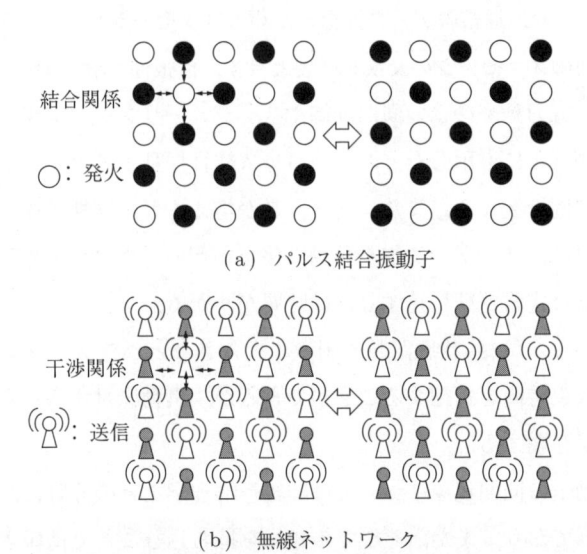

(a) パルス結合振動子

(b) 無線ネットワーク

図 3.9 位相ロックを用いた時分割多次元接続方式

状トポロジーにおいて進行波を形成すると、葉ノードから根ノードに向かって順番にデータが送信、中継されるようになり、効率的なデータ収集が行える（図 **3.10**)[20],[21].

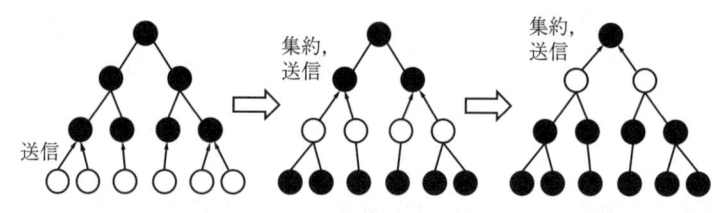

図 3.10　進行波を用いたツリー状のデータ収集

パルス結合振動子モデルでは，振動子の発火は即時かつ確実に結合関係にある振動子を刺激するが，情報ネットワークにおける通信では，遅延や欠落が発生する．しかし，刺激の伝達において，遅延や 40% 程度の欠落があっても問題なく同期が達成できることが無線ネットワークを使用した実験などによって確認されている．

また，パルス結合振動子モデルでは，発火そのものには何の情報も含まれていない．そのため，通常のデータ通信のためのメッセージを流用することで，同期のための制御メッセージの交換を必要とせず，拡張性，耐故障性，適応性，柔軟性があり，電力効率のよい同期制御やスケジューリングが実現できる．

ただし，図 3.4 にも示したとおり，パルス結合振動子モデルによる同期の確立までには時間を要する．また，ノード数が増えると，同期達成までの時間も長くなる．更に，ノードの追加や移動，停止などのトポロジーの動的な変化に対して，新たな定常状態に達するには時間がかかる．

前述のとおり，位相-状態関数や刺激の大きさなどパラメータを調整することによって収束時間を短縮することができるが，摂動に対する不安定性とのトレードオフが存在する．

なお，振動子の同期現象については非線形物理学などの分野において膨大な研究がなされており，また，そこでの知見を持ち込むことで情報ネットワークにおける同期やスケジューリングなどにおける種々の問題を解決できる可能性

がある．

ただし，蔵本モデル[22]に代表される多くの結合振動子モデルは，振動子間の連続的な相互作用を前提としている．一方，情報ネットワークは，間欠的な通信によって相互作用する離散系であるため，そのまま適用できず，離散化などの処理が必要となる．

3.3 体表の模様形成と情報ネットワーク制御

体表の模様形成

ヒョウやシマウマなど，生物の体表にはその種に固有の周期的な模様が現れる．この，体表における形態形成因子の細胞間相互作用による自己組織的な形態形成（morphogenesis）のメカニズムは，チューリング（A. M. Turing）により，二つの仮想的な化学物質の相互作用としてモデル化されており，**反応拡散モデル**（reaction–diffusion model）と呼ばれている[23]．

反応拡散モデル

反応拡散モデルでは，**活性因子**と**抑制因子**と呼ばれる仮想的な化学物質が細胞内で反応すると同時に，細胞膜を通して周囲の細胞に拡散することで，因子濃度の周期的な濃淡のパターン，すなわち空間構造が生まれる．近藤らによって，反応拡散モデルの数値解析結果と，タテジマキンチャクダイにおける模様の形成過程が良く一致することが確認されている[24]．

ある細胞における活性因子濃度を u，抑制因子濃度を v とすると，因子濃度のダイナミクスは以下の反応拡散方程式で定められる．

$$\frac{\partial u}{\partial t} = F(u,v) + D_u \nabla^2 u \tag{3.12}$$

$$\frac{\partial v}{\partial t} = G(u,v) + D_v \nabla^2 v \tag{3.13}$$

ここで，右辺第一項は**反応項**と呼ばれ，$F(u,v)$ と $G(u,v)$ はそれぞれ細胞内での化学反応を表す非線形の関数である．また，右辺第二項は**拡散項**と呼ばれ，

隣接する細胞間の化学物質のやりとりを表す．D_u, D_v はそれぞれ活性因子と抑制因子の**拡散係数**であり，∇^2 はラプラシアンである．

初期濃度分布や反応項の関数，係数の設定によって，斑紋や縞模様など図 **3.11** に示すようなさまざまな空間的パターンを生成することができる．

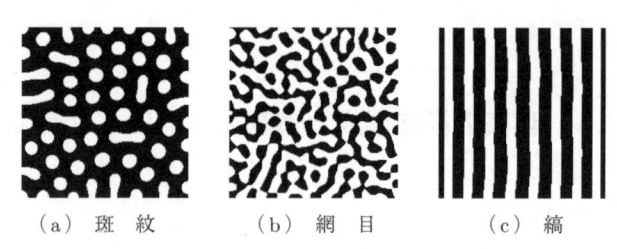

（a）斑紋　　　　（b）網目　　　　（c）縞

図 **3.11** 反応拡散方程式によって生成される斑紋，網目，縞

ただし，そのためには以下の二つの条件を満たす必要がある．
① 活性因子は自らと抑制因子を活性化し，抑制因子は活性因子を抑制する．
② 抑制因子は活性因子より早く拡散し，局所的な活性化と同時に離れた場所で抑制化が起こる．すなわち，$D_v > D_u$ である．

これらの条件の下でのパターン生成のしくみを図 **3.12** を用いて説明する．図は，ある 1 次元空間における活性因子濃度と抑制因子濃度の分布の様子を表している．

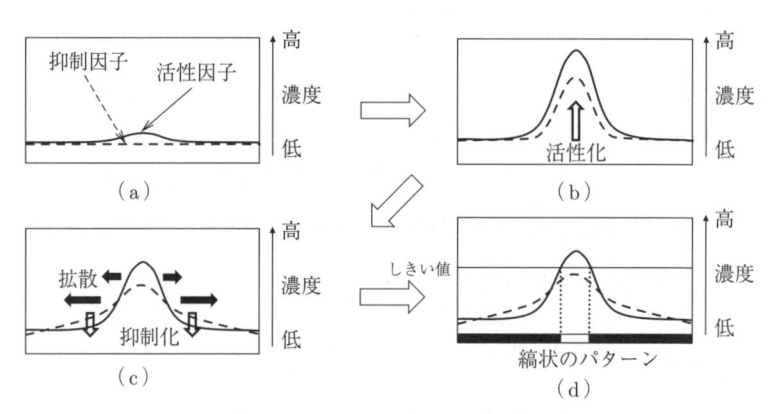

図 **3.12** 反応拡散方程式によるパターン生成のしくみ

3.3 体表の模様形成と情報ネットワーク制御

何らかの摂動により，ある場所における活性因子濃度が少し高くなったとする（図 (a)）．活性因子により，その場所における活性因子濃度と抑制因子濃度がともに活性化され，増加する（図 (b)）．増加した活性因子と抑制因子は周囲に拡散するが，抑制因子は活性因子よりも拡散係数が大きいためにより広い範囲に伝搬し，少し離れた場所での活性因子濃度を低下させる（図 (c)）．

活性因子濃度があるしきい値よりも高い場所を白く，低い場所を黒く色分けすると，図 (d) の下部に示すような白黒の縞が現れる．左右の端では抑制因子濃度よりも活性因子濃度が高いことから，中心と同様な現象が起こり，更に外側へと縞模様が広がっていく．

近藤らによるタテジマキンチャクダイの実験では，反応項の関数として次式が用いられている．

$$F(u,v) = \max\{0, \min\{au - bv + c, M\}\} - du \tag{3.14}$$

$$G(u,v) = \max\{0, \min\{eu + f, N\}\} - gv \tag{3.15}$$

これらの式で定められる活性因子と抑制因子の関係を図 **3.13** に示す．

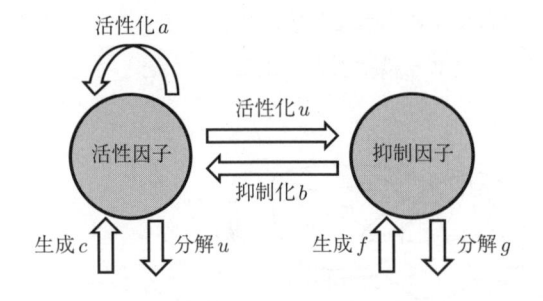

図 3.13 反応拡散方程式における活性因子と抑制因子の関係

式 (3.14) において，a は活性因子による自己活性率，b は抑制因子による活性因子の抑制率，c は活性因子の生成率，また d は活性因子の分解率をそれぞれ表している．また，式 (3.15) において，e は活性因子による抑制因子の活性率，f は抑制因子の生成率，g は抑制因子の分解率をそれぞれ表す．なお，M, N はそれぞれ活性因子濃度と抑制因子濃度の上限である．

この反応拡散方程式によってパターンが安定的に生成されるためには，以下のチューリング条件を満たす必要がある．

$$a - d - g < 0 \tag{3.16}$$

$$eb - (a-d)g > 0 \tag{3.17}$$

$$D_v(a-d) - D_u g > 0 \tag{3.18}$$

$$\{D_v(a-d) - D_u g\}^2 - 4D_u D_v \{eb - (a-d)g\} > 0 \tag{3.19}$$

また，生成されるパターンの周期 λ は次式で与えられる．

$$\lambda = 2\pi \sqrt[4]{\frac{D_u D_v}{eb - (a-d)g}} \tag{3.20}$$

図 3.11 に，本条件下でのパラメータの組合せによって生成されたパターンを示す[25]．

反応拡散モデルを用いた情報ネットワーク制御

情報ネットワークにおいても，ノードの隣接関係によって形成されるトポロジー，あるノードからのホップ数で定められる勾配，ネットワークトポロジー上に構築される経路や木構造，クラスタ構造など，制御の結果としてさまざまな空間構造が現れる（図 **3.14**）．

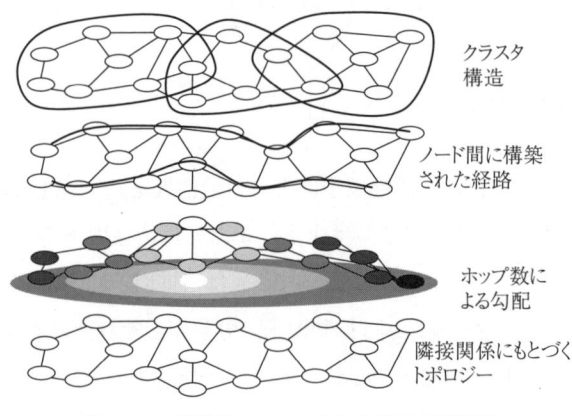

図 **3.14** 情報ネットワークにおける空間構造

3.3 体表の模様形成と情報ネットワーク制御

そのため,反応拡散モデルによる空間パターンの生成は,例えば,空間的な時分割多元接続方式(spatial TDMA)における通信タイミングのスケジューリングや[26],無線センサネットワークにおける経路制御[27]やクラスタリング[28),29)]に応用され,自己組織的なしくみによって最適に近い制御を達成できることが確認されている.

反応拡散モデルを用いたパターン生成機構では,それぞれのノードは因子濃度に相当する変数を保持している.ある定められた制御間隔ごとに,隣接ノード間で制御メッセージをやりとりすることによって,周囲のノードの因子濃度を知り,反応拡散方程式を用いて自身の因子濃度を更新する.

一定回数,あるいは定められた条件を満足するまでメッセージ交換と因子濃度計算を繰り返したあと,例えばクラスタリングの場合には,ある領域で最も活性因子濃度が高いノードがクラスタヘッドとなるなどの制御が実施される.

空間的に離散配置されたノードが間欠的なメッセージのやりとりによって相互作用する情報ネットワークの制御に反応拡散モデルを応用するためには,反応拡散方程式を時空間の双方で**離散化**する必要がある.

無線センサネットワークなどにおいて,2次元空間上にノードが正則に配置され,それぞれのノードが四方向の隣接ノードと通信可能なトポロジーでは,式 (3.12) と式 (3.13) はそれぞれ以下のように離散化される.

$$u_{t+1} = u_t + \Delta t \left\{ F(u_t, v_t) + D_u \frac{u_t^u + u_t^d + u_t^l + u_t^r - 4u_t}{\Delta h^2} \right\} \quad (3.21)$$

$$v_{t+1} = v_t + \Delta t \left\{ G(u_t, v_t) + D_v \frac{v_t^u + v_t^d + v_t^l + v_t^r - 4v_t}{\Delta h^2} \right\} \quad (3.22)$$

ここで,u_t と v_t はそれぞれ時刻 t,あるいは t 回目の制御タイミングにおける活性因子濃度と抑制因子濃度である.また,u_t^u, u_t^d, u_t^l, u_t^r,及び,v_t^u, v_t^d, v_t^l, v_t^r は,それぞれノードの四方向に隣接するノードでの時刻 t,あるいは t 回目の制御タイミングにおける活性因子濃度と抑制因子濃度である.

また,Δt と Δh はそれぞれ時間的,空間的な離散ステップであり,Δh はノード間距離で与えられる.パターン生成が収束,安定化するためには,時間離散

ステップ Δt について以下の条件を満足する必要がある.

$$0 < \Delta t < \min\left\{\frac{2}{d+4D_u(\Delta x^{-2}+\Delta y^{-2})}, \frac{2}{g+4D_v(\Delta x^{-2}+\Delta y^{-2})}\right\} \tag{3.23}$$

また,ランダムなノード配置の場合には,拡散項 $\nabla^2 u$, $\nabla^2 v$ は次式のように離散化する必要がある.

$$\nabla^2 u = \sum_{j\in\{k|d_k\leqq R\}} d_j^{-2}(u_j - u_i) \tag{3.24}$$

$$\nabla^2 v = \sum_{j\in\{k|d_k\leqq R\}} d_j^{-2}(v_j - v_i) \tag{3.25}$$

ここで,d_j はノード j とのユークリッド距離,R は通信距離である.すなわち,互いに通信可能なノード間で活性因子と抑制因子の授受が行われる.

これらの条件を満たしていれば,離散系である情報ネットワークにおいて,制御タイミングごとに隣接ノード間で因子濃度をやりとりすることにより,離散化された反応拡散方程式によるパターン生成が可能である.**図 3.15** は,ランダムトポロジーにおけるパターンの例を示したものである.色の濃い点が活性因子濃度の高いノードを表しており,斑紋状のパターンが形成されていることがわかる.

ただし,パルス結合振動子モデルによる同期と同様に,反応拡散モデルによ

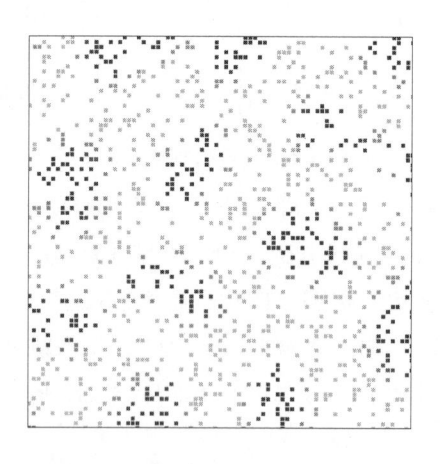

図 3.15 ランダムトポロジーにおけるパターンの例

るパターン生成の収束までには時間を要する．ここで，図 **3.16** (a) のように正則に配置された 25 台のノードにおいて反応拡散モデルを動作させ，活性因子濃度が 3 000 より高いノードを白，3 000 以下のノードを黒とすることで，図 (b) のパターンを生成することを考える．

（a）ノード　　（b）生成パターン

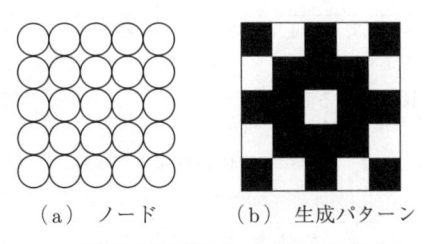

図 **3.16**　正則に配置されたノードと生成パターン

反応拡散方程式の反応項として式 (3.14) と式 (3.15) を用いる．$a = 80$, $b = 80$, $c = 20$, $d = 30$, $e = 100$, $f = -150$, $g = 60$, $M = 200\,000$, $N = 500\,000$, $D_u = 2$, $D_v = 50$ とし，離散ステップは $\Delta t = 1$, $\Delta h = 1$ とする．また，初期値として，中央のノードの活性因子濃度を 5 000，抑制因子濃度を 3 000，また，ほかのノードの活性因子濃度と抑制因子濃度をいずれも 3 000 とする．

このとき，パターンが収束するまでにノード当りおよそ 1 700 回の計算が必要である．したがって，制御間隔を 1 秒としてもパターン形成までに約 28 分かかることになる．また，制御メッセージを 1 回ブロードキャスト送信することによって周囲 4 ノードに因子濃度を伝えられたとしても，ノード当り 1 700 回，システム全体で 42 500 回のメッセージ送信が発生する．

計算回数と通信回数を減らし，収束速度を向上するための方法としては，離散時間ステップ Δt を大きくする，あるいは制御タイミングごとに反応拡散方程式を繰り返し計算するなどが考えられる．後者において，連続計算回数を K とすると，反応拡散方程式の演算における時間は $K\Delta t$ だけ進むことになるが，隣接ノードの因子濃度は時刻 t のものを繰り返し使用することになる．

図 **3.17** と図 **3.18** にこれらの高速化の結果を示す．なお，図 3.16 (a) の左上に位置するノードの活性因子濃度の変化の様子を表している．図 (a) の横軸は

図 3.17 パターン形成の高速化（時間離散化）

(a) 通信回数に対する活性因子濃度の変化

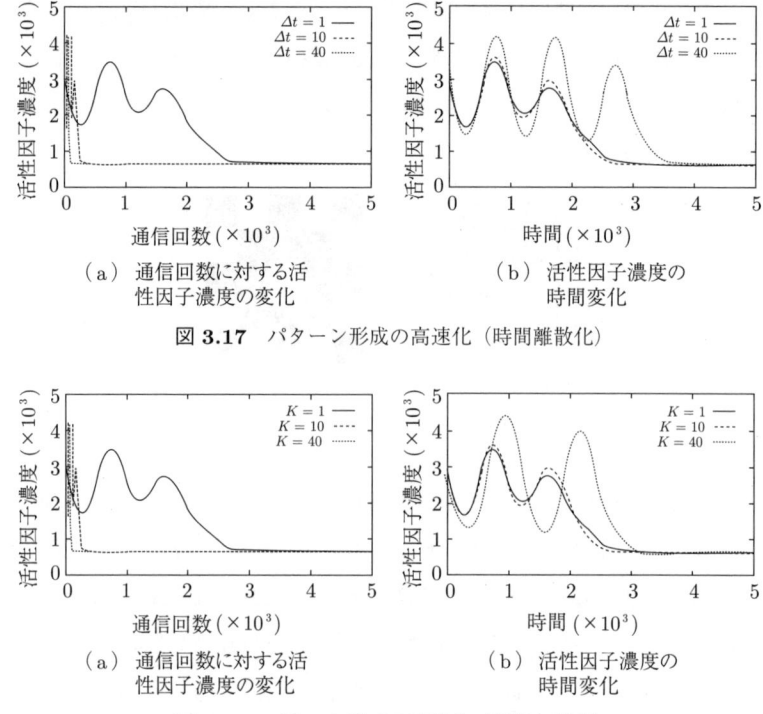

(b) 活性因子濃度の時間変化

図 3.18 パターン形成の高速化（繰返し計算）

(a) 通信回数に対する活性因子濃度の変化

(b) 活性因子濃度の時間変化

通信回数，図 (b) の横軸は反応拡散方程式の演算における時間 t である．なお，図 3.18 における K は 1 回の制御タイミングにおける計算回数である．

　図より，時間離散化や繰返し計算を増やすことによって通信回数を減らせることがわかる．一方で，それぞれの図 (b) に示すように，高速化を行わない場合と比べて活性因子濃度の変化が大きくなり，計算精度が低下する．そのため，離散時間ステップ Δt を 40 より大きく設定した場合や，連続計算回数 K を 130 よりも大きく設定した場合には，因子濃度が発散し，パターンが収束しない．

　また，数理モデルとは異なり，情報ネットワークでは制御メッセージのロスが発生するため，隣接ノード間の因子濃度交換が正しく行えない場合がある．特に，無線ネットワークにおけるブロードキャスト通信では，RTS/CTS 交換によって隠れ端末問題を回避したり，受信側端末からの ACK 返信による受信確

認や再送が行えないため，制御メッセージが頻繁に失われることが予想される．

図 **3.19** に，制御メッセージのロスがパターン生成に与える影響を示す．横軸は制御メッセージのロス率，縦軸は制御メッセージが失われなかった場合と同じパターンが生成された割合（成功率）を表す．なお，あるノードが送信した制御メッセージが失われると，その隣接ノードの全てにおいてそのノードの因子濃度情報が更新されず，前回受信した因子濃度を用いた計算が行われる．

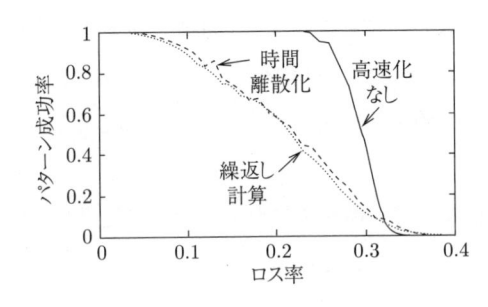

図 **3.19** 制御メッセージのロスがパターン生成に与える影響

図より，パターン生成の高速化を行わない場合には，約 23% までのロスに対して正しくパターンが生成され，反応拡散モデルによるパターン生成のロス耐性が高いことを示している．一方，高速化を行った場合にはロス率の増加とともにパターン生成の成功率が漸減し，情報欠落の影響を受けやすいことがわかる．

3.4 ミツバチの役割分担と情報ネットワーク制御

社会性昆虫における役割分担

ミツバチやアリなどの社会性昆虫の群れでは，餌集めや巣作りなどのさまざまな仕事に対して，群れの大きさや構成に応じた適切な**役割分担**がなされていることが知られている[30]．それぞれの個体が従事する仕事は遺伝子型や身体の大きさなど形質によって決まるところが大きく，例えば，働きバチの場合には，成長とともに巣の掃除，餌やり，巣作り，巣の防御，餌集めと従事する仕事が変わっていく．

しかし一方で，外的から攻撃を受けて防御に就く個体の数が減ると，身体の

小さい個体が新たに防御に参加するといったように，仕事の需要に対して柔軟に役割分担が変化する．

反応しきい値モデル

このような社会性昆虫の群れにおける自己組織的な役割分担（division of labor）のしくみは，反応しきい値モデルと呼ばれる非線形数理モデルで説明できる．反応しきい値モデルでは，それぞれの個体について仕事に対する従事のしやすさを表すしきい値が定められており，仕事の需要としきい値の関係によって，自律分散的に仕事に就くか否かを確率的に決定する．ここでは説明を簡単にするため，仕事を一つとする．

それぞれの個体 $i(1 \leq i \leq N)$ について，時刻 t において仕事に従事しているか否かを表す状態変数 $X_i(t)$ を以下のように定める．

$$X_i(t) = \begin{cases} 0 & (i \text{ が仕事に従事している}) \\ 1 & (\text{仕事に従事していない}) \end{cases} \tag{3.26}$$

また，個体 i の仕事に対するしきい値を θ_i とする．時刻 t における仕事の需要を $s(t)$ とすると，時刻 t に仕事に従事していない個体 i が仕事に従事するようになる確率は次式で与えられる．

$$P(X_i(t) = 0 \to X_i(t) = 1) = \frac{s^2(t)}{s^2(t) + \theta_i^2} \tag{3.27}$$

図 **3.20** に $\theta_i = 5$ の個体における刺激と確率 P の関係（応答曲線）を示す．刺激 $s(t)$ が 5 の場合に確率 P は 0.5 となる．刺激が 10 程度までは刺激が大き

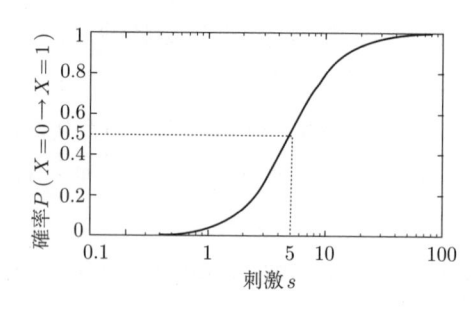

図 **3.20** 応答曲線の例

くなるに従って確率 P が急激に増加することがわかる.

一方,時刻 t に仕事に従事している個体が仕事に従事しなくなる確率は次式で与えられる.

$$P(X_i(t) = 1 \to X_i(t) = 0) = p \tag{3.28}$$

p は定数 $(0 < p < 1)$ であるため,それぞれの個体は平均 $1/p$ の間だけ仕事に従事することになる.その結果,個体間での役割の交代が起こる.

刺激 $s(t)$ は次式によって変化する.

$$s(t+1) = s(t) + \delta - \frac{\alpha n(t)}{N} \tag{3.29}$$

ここで,δ は定常的な仕事の増加率,α は仕事の効率を表す係数である.また,$n(t)$ は仕事に従事している個体の数であり,$n(t) = |\{i|X_i(t) = 1\}|$ で与えられる.

図 **3.21** に,仕事に従事している個体,すなわちワーカ数と刺激の変化の様子を示す.なお,個体数 $N = 100$,全ての個体のしきい値 $\theta_i = 10$,仕事を辞める確率 $p = 0.2$,刺激増加率 $\delta = 1$,仕事の効率 $\alpha = 3$ である.また,初期状態では刺激 $s(0) = 0$,全ての個体の状態 $X_i(0) = 0$ である.なお,時刻 200 に刺激増加率 δ を 2 に設定した.

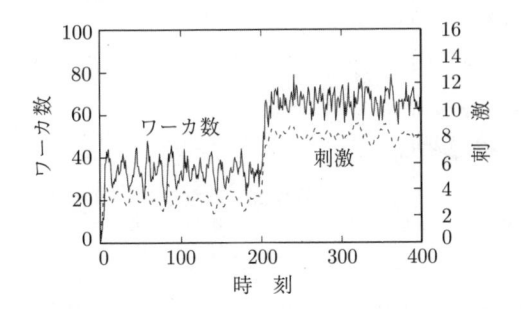

図 **3.21** ワーカ数と刺激の変化の様子

図より,刺激増加率の変化の前後それぞれで,ワーカ数がある範囲で安定的に変動していることがわかる.時刻 100〜199 における平均ワーカ数は約 33.3 である.これは,式 (3.29) において,刺激が変化しない平衡状態でのワーカ数

$n(t) = N\delta/\alpha = 100/3$ に一致している．また，同様に，時刻 300〜399 における平均ワーカ数は 66.7 であり，およそ 200/3 である．

次に，時刻 200 に，刺激増加率 $\delta = 1$ としたままで，全ての個体の状態を 0 にした場合の結果を図 3.22 に示す．時刻 200 で一時的にワーカ数が 0 になるために刺激が急激に増加するが，即座に十分な数の個体が仕事に従事するようになり，平衡状態を回復している．

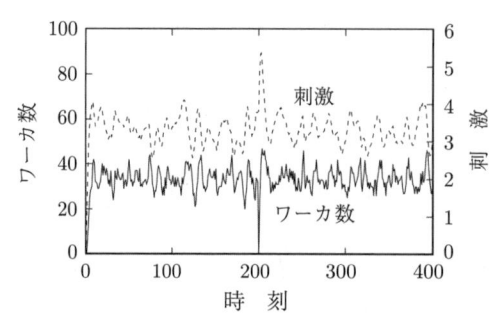

図 3.22 刺激とワーカ数の変化の様子（ワーカ数の一時的な減少）

更に，しきい値が異なる群れにおける役割分担の検証のため，群れの半分をしきい値 10 のグループ 1，もう半分をしきい値 30 のグループ 2 とする．時刻 200 でグループ 1 のうち仕事に従事している 25 体を群れから取り除いた場合の結果を図 3.23 に示す．

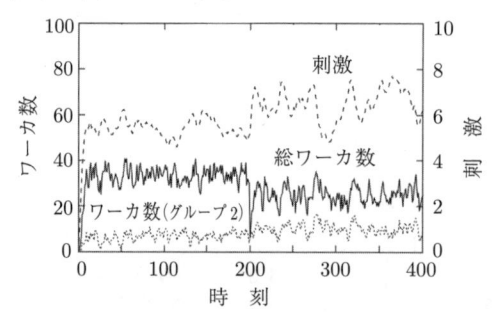

図 3.23 刺激とワーカ数の変化の様子（グループ 2）

これまでと同様に，時刻 199 までは約 32.3 体が仕事に従事している状態で安定している．また，最初はほとんどのワーカがグループ 1 の個体であるが，時刻 200 以降はグループ 1 の個体数の減少によって刺激が増加するため，グループ 2 に属する個体も仕事に従事するようになっている．

その結果,時刻 200 以降は個体の総数 N が 75 に減少するが,時刻 300〜399 の平均ワーカ数は約 24.8 体 ($N\delta/\alpha = 75/3$) となっており,群れに占めるワーカの割合が維持される.

上記のモデルでは個体のしきい値は固定であったが,成長に伴う役割の変化や,仕事に従事することで脳組織に変化が現れ,ある種の学習が行われているといった生物学での発見を反映するようにして,しきい値の学習メカニズムを持つモデルが提案されている[31),32)].

個体 i のしきい値 $\theta_i(t)$ は時刻 t で仕事に従事したか否かにもとづき次式で更新される.

$$\theta_i(t+1) = \begin{cases} \max(\theta_{min}, \theta_i - \xi) & (仕事に従事した\ (X_i(t) = 1)) \\ \max(\theta_{max}, \theta_i + \phi) & (仕事に従事しなかった\ (X_i(t) = 0)) \end{cases} \quad (3.30)$$

ここで,ξ と ϕ は学習効果を表す係数であり,θ_{min} と θ_{max} はしきい値の下限と上限である.

図 3.24 に,図 3.23 と同じ条件で,しきい値更新による学習がある場合の結果を示す.なお,$\theta_{min} = 1$ と $\theta_{max} = 50$ とし,時刻 200 にしきい値が 10 よりも小さいワーカを 20 体群れから取り除いた.時刻 100〜199 における平均ワーカ数が 32.9 であるのに対して時刻 199 においてしきい値が 10 よりも小さい個体の数は 32 であり,仕事に専従する専門家とそれ以外の個体に群れが分化している.

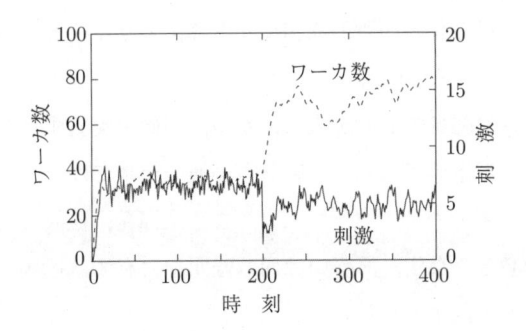

図 3.24 刺激とワーカ数の変化の様子(学習あり)

また,図 3.23 と比較して,ワーカ数の増加に時間を要しているが,時刻 200 におけるワーカ数と群れの大きさの減少に対しても適応している.これは,時刻 199 において,しきい値が 1 に近いグループと 50 に近いグループに群れが分化していることによる.しきい値が最大値である 50 に近い個体が仕事に従事するためには,式 (3.27) において刺激 $s(t)$ が十分に大きくなることが必要である.

このように,反応しきい値モデルでは,しきい値を介して相互作用する個体が自律分散的な判断にもとづいて仕事への従事を決定することによって,需要やワーカ数,また,群れの大きさの変化に対して適応的かつ安定的に,群れにおけるワーカの割合が維持される.また,平衡状態でのワーカの割合は式 (3.29) の係数 δ と α の比によって定まり,しきい値や刺激の大きさとは無関係である.

反応しきい値モデルによる自己組織的で適応的な役割分担のしくみは,分散コンピューティングにおける CPU へのジョブ割当や,工場での作業分配,ロボット群の自律制御などに応用されている.情報ネットワーク分野においては,無線センサネットワークにおけるバックボーン経路の構築[33]),クラスタリング[34),35)],タスク割当[36)],また,P2P ネットワークでのキャッシュ管理の手法[37)]などが提案されている.

反応しきい値モデルを用いた情報ネットワーク制御

反応しきい値モデルをネットワーク制御に応用するにあたっては,刺激 $s(t)$ としきい値 $\theta_i(t)$ の定義が重要である.自己組織化の観点からは,刺激やしきい値は,ノード自身の観測によって得られる局所的な情報から算出できることが望ましい.

刺激は,制御目標の達成度合いや制御の需要を表し,かつ,制御を実施するノードの数や割合によって増減する指標である.反応しきい値モデルでは,刺激 $s(t)$ は群れ全体で共通の指標であるため,フェロモンのように揮発,拡散して空間的に広がる化学物質を刺激とみなす,あるいは同じ空間を共有する近接した個体の集合を想定するなどの手段がとられる.

一方，例えば，ネットワークシステム全体として提供されるサービスに対して反応しきい値モデルによるタスク割当を行う場合には，サービスに対するユーザなどの需要家の満足度によって刺激が定められるため，刺激は大局的な指標となる．この場合，制御メッセージをフラッディングするなどして刺激を全て，あるいは対象となるノードに通知する必要がある．

先に挙げた応用例のうち，W. Haboursh らの手法[33]では，ノード自身が観測した空気中の化学物質濃度の変化量，また，T. Heimfarth らの手法[34]では，ノード自身の残余電力や隣接ノードの状態など，いずれも局所的な情報から刺激を算出している．ただし，前者ではもとの反応しきい値モデルと同様に刺激が累積加算的に変化するのに対し，後者では即値を用いている．

対して，岩井らの手法[36]では，あるノードでセンサデータを収集するアプリケーションを対象としているため，単一のノードにおいて刺激を計算し，他のノードに通知している．そのため，刺激の通知範囲を限定するなど，制御メッセージの拡散によるオーバヘッドを抑制するしくみを導入する必要がある．

また，笹部らの手法[37]では，ネットワーク全体でのメディアの需給バランスにもとづいてメディアデータのキャッシングの要否を決定するが，それぞれのノードが自身を通過する検索・応答メッセージから需給バランスを推定することによって，大局的な情報の収集，拡散のオーバヘッドを回避している．更に，結果としてメディア需要の空間的な偏りにも対応できる．

一方，しきい値は，要求された制御，機能，サービスに対して，ノードや端末の持つ特性，適性から定められる指標である．無線センサネットワークにおいては，その制御目的に応じて，隣接ノード数やノード密度，受信電波強度や通信品質，具備するセンサの種別やセンシング精度，また残余電力や発電効率などにもとづいてしきい値を定めることが考えられるが，いずれの特性も動的に変化する．

このような動的な特性を考慮してしきい値を算出して反応しきい値モデルに適用するためには，ノード i の特性値のベクトル $\vec{a}_i$ の関数 $f(\vec{a}_i)$ を定義し，以下のように式 (3.27) を拡張することが必要となる．

① しきい値そのものを特性値ベクトルの関数 $f(\vec{a}_i)$ とする．

$$P(X_i(t) = 0 \to X_i(t) = 1) = \frac{s^2(t)}{s^2(t) + f(\vec{a}_i)} \quad (3.31)$$

② 分母の項として関数 $f(\vec{a}_i)$ を加える．

$$P(X_i(t) = 0 \to X_i(t) = 1) = \frac{s^2(t)}{s^2(t) + \theta_i^2(t) + f^2(\vec{a}_i)} \quad (3.32)$$

③ 関数 $f(\vec{a}_i)$ をしきい値の重み係数とする．

$$P(X_i(t) = 0 \to X_i(t) = 1) = \frac{s^2(t)}{s^2(t) + f(\vec{a}_i)\theta_i^2(t)} \quad (3.33)$$

いずれにおいても，刺激に即値を用いる場合には，刺激 $s(t)$，しきい値 $\theta_i(t)$，関数 $f(\vec{a}_i)$ のとりうる値の範囲を合わせなければならない．特に，累積加算的な刺激と学習によるしきい値の調整がある場合には，刺激としきい値の絶対値が大きく変化するため注意が必要である．

反応しきい値モデルでは，それぞれ個体が仕事に従事するか否かを確率的（probabilistic, stochastic）に決定している．一方，刺激がしきい値を超えたか否かによって決定論的（deterministic）に役割を決定するようなしくみも考えられる．これは従来の工学システムにおいて多く採られてきた手法であり，いわゆる if–then 型の制御である．

決定論的な制御では，ある状況における個々の機器の状態，更にシステム全体の状態が最適になるような設計，制御が可能である．しかし，動的に変化する全体，周囲，また自身の状況に対して，しきい値をあらかじめ最適に定めるのは困難である．また，しきい値を適応的に調整することもできるが，そのためにはさまざまな条件の組合せを想定した複雑なルールが必要となる．

岩井らは，しきい値を用いた決定論的な制御において，しきい値が誤って設定されると性能が顕著に低下するのに対して，式 (3.33) における関数 $f(\vec{a}_i)$ の係数を誤って設定したとしても制御結果に与える影響がほとんどないことを検証している[36]．

したがって，ロバストで適応的な情報ネットワーク制御を達成するためには，式 (3.32) や式 (3.33) のように，刺激としきい値の関係を保ちつつ，他の要素を

3.4 ミツバチの役割分担と情報ネットワーク制御

組み込む拡張により，反応しきい値モデルがパラメータ設定に対して不感であるという特徴を活用するのが望ましい．

ほかのモデルと同様に反応しきい値モデルも制御メッセージのロスやノード故障などの影響を受ける．以下に述べる，ネットワーク内のあるノードがほかのノードに対してある処理を要求するシナリオにもとづき，特性解析を行う[38]．このノードを要求ノードと呼ぶ．

要求ノードは定期的に制御メッセージをネットワーク全体に拡散することによりほかのノードに刺激の大きさ $s(t)$ を通知する．それぞれのノード i ($1 \leq i \leq M$) は共通のしきい値 θ と刺激 $s(t)$ にもとづいて自身の状態 $X_i(t)$ を決定し，制御メッセージを要求ノードに送信して状態と通知する．また，$X_i(t+1) = 1$ であるワーカはあわせて処理の結果を報告する．

このとき，確率 q_s ($0 \leq q_s \leq 1$) で刺激通知の制御メッセージが失われるとする．刺激情報を受け取らなかったノードは状態を変更しない．また，確率 q_w ($0 \leq q_w \leq 1$) で状態通知の制御メッセージが失われるとする．ワーカの状態情報が失われた場合には，ワーカ数 $n(t)$ が少なく見積もられる．

反応しきい値モデルを連続系とみなし，微少時間での刺激の変化から刺激の期待値のダイナミクスを，また，同様にワーカ数の期待値のダイナミクスをそれぞれ導出する．

まず，$C_i(t)$ を確率 q_w で 1，確率 $1 - q_w$ で 0 となる係数とすると，微少時間における刺激 $s(t)$ の変化として次式が得られる．なお，式 (3.29) において $\alpha = 1$ とする．

$$s(t + \Delta t) = s(t) + \Delta t \left(\delta - \frac{\sum C_i(t) X_i(t)}{M} \right) \quad (3.34)$$

時刻 $t + \Delta t$ における刺激 $s(t + \Delta t)$ の期待値は次式で求められる．

$$E[s(t + \Delta t)] = E[s(t)] + \Delta t \left(\delta - \frac{\sum E[C_i(t) X_i(t)]}{M} \right) \quad (3.35)$$

時刻 t においてワーカ数が n である確率を $P(n(t) = n)$ とすると

$$E[s(t + \Delta t)] = \sum P(n(t) = n) E[s(t + \Delta t) | n(t) = n]$$

3. 自己組織化と情報ネットワーク制御

$$= E[s(t)] + \Delta t \left(\delta - \frac{1-q_w}{M} E[n(t)] \right) \quad (3.36)$$

したがって，期待値のダイナミクスは，次式で与えられる．

$$\frac{dE[s(t)]}{dt} = \lim_{\Delta t \to 0} \frac{E[s(t+\Delta t)] - E[s(t)]}{\Delta t}$$
$$= \delta - \frac{1-q_w}{M} E[n(t)] \quad (3.37)$$

一方，$Q(t)$ を時刻 t においてワーカであったもののうち仕事に従事することを止めたノードの数，$B(t)$ を時刻 t においてワーカでなかったもののうちワーカになったノードの数とすると，ワーカ数 $w(t)$ の微小時間における変化は次式で与えられる．

$$n(t+\Delta t) = n(t) + \Delta t(-Q(t) + B(t)) \quad (3.38)$$

したがって，次式が得られる．

$$E[n(t+\Delta t)] = E[n(t)] + \Delta t(-E[Q(t)] + E[B(t)]) \quad (3.39)$$

ここで，時刻 t におけるワーカ数 $n(t) = n$，刺激 $s(t) = s$ である場合の $Q(t)$ の期待値は次式で求められる．

$$E[Q(t)|n(t)=n, s(t)=s] = \sum_{i=1}^{n}(1-q_s)p$$
$$= (1-q_s)pE[n(t)] \quad (3.40)$$

更に

$$E[Q(t)|s(t)=s] = \sum_{n=0}(1-q_s)pnP(n(t)=n)$$
$$= (1-q_s)pE[n(t)] \quad (3.41)$$

一方，故障ノード数を D とすると

$$E[B(t)|n(t)=n, s(t)=s] = \sum_{i=1}^{M-D-n}(1-q_s)\frac{s^2}{s^2+\theta^2}$$
$$= (1-q_s)\frac{s^2}{s^2+\theta^2}(M-D-n) \quad (3.42)$$

したがって

$$E[B(t)|s(t)=s] = \sum_{n=0}(1-q_s)\frac{s^2}{s^2+\theta^2}(M-D-n)P(n(t)=n)$$
$$= (1-q_s)\frac{s^2}{s^2+\theta^2}(M-D-E[n(t)]) \quad (3.43)$$

以上より

$$E[n(t+\Delta t)] = E[n(t)] + \Delta t \sum_{s=0} P(s(t)=s)$$
$$\times (-E[Q(t)|s(t)=s] + E[B(t)|s(t)=s])$$
$$= E[n(t)] - \Delta t(1-q_s)pE[n(t)]$$
$$+ \Delta t(1-q_s)E\left[1-\frac{\theta^2}{s^2(t)+\theta^2}\right](M-D-E[n(t)]) \quad (3.44)$$

となり,以下が得られる.

$$\frac{dE[n(t)]}{dt} = \lim_{\Delta t \to 0} \frac{E[n(t+\Delta t)] - E[n(t)]}{\Delta t}$$
$$= (1-q_s)\left\{-pE[n(t)] + E\left[1-\frac{\theta^2}{s^2(t)+\theta^2}\right](M-D-E[n(t)])\right\} \quad (3.45)$$

$E[s(t)]$ を $\bar{s}$, $E[s(t)]$ を $\bar{n}$ とそれぞれ表記すると,刺激とワーカ数が変化しない平衡状態での $\bar{s}$ と $\bar{n}$ は,式 (3.37), 式 (3.41), 式 (3.42) からそれぞれ以下のように求められる.

$$\bar{s} = \theta\sqrt{\frac{p\delta}{\left(1-\frac{D}{M}\right)(1-q_w) - \delta(1+p)}} \quad (3.46)$$
$$\bar{n} = \frac{\delta M}{1-q_w} \quad (3.47)$$

式 (3.46) において

$$\left(1-\frac{D}{M}\right)(1-q_w) \geqq \delta(1+p)$$

が,式 (3.47) において

$$1 - \frac{D}{M} \geq \frac{\delta}{1 - q_w}$$

がそれぞれ成立しなければならないことから，以下の条件が得られる．

$$\left(1 - \frac{D}{M}\right)(1 - q_w) - \delta(1 + p) > 0 \tag{3.48}$$

次に，平衡点近傍における $s(t)$, $n(t)$ と $\bar{s}$, $\bar{n}$ の差 $e_s(t) = \bar{s} - s(t)$ と $e_n(t) = \bar{n} - n(t)$ について考える．ベクトル $\vec{e}(t) = [e_s(t) e_n(t)]^T$ とおくと，そのダイナミクスは 2 次正方行列 A を用いて次式のように表される．

$$\frac{d\vec{e}}{dt} = A \times \vec{e} \tag{3.49}$$

$$A = \begin{pmatrix} 0 & -(1 - q_w) \\ (1 - q_s)(M - D - \bar{n})\dfrac{2\bar{s}\theta^2}{(\bar{s}^2 + \theta^2)^2} & -(1 - q_s)\left(p + \dfrac{\bar{s}^2}{\bar{s}^2 + \theta^2}\right) \end{pmatrix} \tag{3.50}$$

2 次正方行列 A の固有値の実部が負であるとき，$e_s(t)$ と $e_n(t)$ は $t \to \infty$ で 0 に収束する．

2 次正方行列 $A = \begin{pmatrix} 0 & a \\ b & c \end{pmatrix}$ とおくと，固有値は

$$\frac{c \pm \sqrt{c^2 + 4ab}}{2}$$

で求められる．したがって，平衡点 $(\bar{s}, \bar{n})$ が漸近安定であるためには，$c < 0$, $ab < 0$ であればよく，これらは常に満たされる．

したがって，式 (3.48) が成立するパラメータ設定のもとでは，メッセージのロスやノード故障のある環境における反応しきい値モデルによる自己組織型制御は平衡点周辺において漸近安定である．

平衡状態において，$\bar{n}$ 台のワーカのうち d 割のノードが故障した場合に，$n(t)$ と $\bar{n}$ の差 $e_n(t) = \bar{n} - n(t)$ が $\bar{n}$ の g 割 $(g < d)$ になるまでにかかる時間を回復時間 T_r とする．2 次正方行列 A の固有値の実部のうち小さいほうを r とすると，次式が成立する．

$$e_n(t) = e_n(0)e^{rt} \tag{3.51}$$

したがって，$g\bar{n} = d\bar{n}e^{rT}$ より，回復時間 T_r は次式で与えられる．

$$T_r = \frac{\ln g - \ln d}{r} \tag{3.52}$$

r は 2 次正方行列に含まれる係数の関数であるため，式 (3.50) より，ノードの故障率 d，制御メッセージのロス率 q_s，q_w といった環境条件や刺激の増加率 δ，しきい値 θ などの制御パラメータがシステムの回復時間に与える影響を見積もることができる．

3.5 自己組織的な情報ネットワーク制御

これまで，生物システムにおけるいくつかの自己組織化現象について，その数理モデルと情報ネットワークへの応用例を紹介してきた．ほかにも，魚の群れ行動のしくみを応用した無線ネットワーク制御や，ミツバチの採餌行動のしくみを応用した経路制御，コウモリの反響定位のしくみを応用したクラスタリングなど，生物システムにおける自己組織化現象が情報ネットワーク制御に適用され，その有効性が確認されている．

自己組織的に制御された情報ネットワークでは，局所的，短期的，あるいは小さい変動は，少数のノードによって局所的かつ即応的に対処される．一方，大局的，中長期的，あるいは大きい変動は，その変動の影響を直接受けることや，相互作用を介して影響が伝搬することによって，変動の規模に応じた時空間スケールで対応される．

自己組織化は，集中管理や大域情報を必要としないため，状態管理のオーバヘッドを大きく削減することができる．特に，スティグマジーを応用すれば，状態情報をやりとりするためのメッセージ交換が不要になるため，拡張性の更なる向上が期待できる．

一方で，自己組織化は要素間の相互作用によって創発される現象であり，いわば生まれるパターンは結果論にすぎない．そのため，得られる結果の最適性

は必ずしも保証されず，可制御性も低下すると考えられる．

また，小規模，短期的な変動は局所的な応答によって適切に対処されることが期待できるが，相互作用を通じてその影響が波及し，システム全体が不安定になるおそれもある．更に，パターン形成に十分な回数の相互作用を繰り返す必要があるため，短時間で変化する環境への追従は難しい．

更に，社会インフラの一つである情報ネットワークにおいては，ある一定以上の品質を保証しなければならない．また，運用管理の観点からは，システム全体，また個々の要素の状態や挙動を把握し，更に制御できることが望まれる．

そのような要請に応えるため，外部から入力を与えることなどによって，自己組織化における要素の自律性を維持しつつ，望む結果をより早く，確実に得るという**管理型自己組織化**（controlled / guided / managed self-organization）という考え方やその応用が注目を集めており，盛んに研究されている[39]．

また，本章で触れたように，生物の挙動を単に模倣するのではなく，アルゴリズムや非線形力学系としてモデル化された自己組織化現象については，理論的な特性解析が可能である．更に，特性解析によって得られた知見にもとづいて，制御パラメータを設定するなどのシステム設計・運用・管理も有効である．

例えば，アリコロニー最適化は計算機科学分野において，また，パルス結合振動子モデルや反応拡散モデルは非線形物理分野や非線形数理分野において，その最適性や安定性，収束性などが広く研究されている．

章 末 問 題

【1】 生物システムにおける自己組織化現象を一つ挙げ，そのアルゴリズムや数理モデルの文献調査を行え．
【2】 【1】の自己組織化現象が適用可能な情報ネットワーク制御を一つ挙げよ．
【3】 【1】で得られたアルゴリズムや数理モデルを用いて【2】で挙げた情報ネットワーク制御を設計せよ．
【4】 【3】で得られた自己組織型の情報ネットワーク制御について，既存の制御手法と定性的に比較した利点と欠点を論ぜよ．

第4章
生体ゆらぎと情報ネットワーク制御

　情報ネットワークを制御する手法として，これまでさまざまなものが考えられているが，その多くは情報ネットワークを取り巻く環境の全体像を把握して与条件とし，最適な制御状態を求めるものであった．一方，生物システムは，システムが取り巻く環境の全体像を把握する手段を持っておらず，従来の情報ネットワーク制御で前提としていた与条件を得ること自体が困難である．生物システムは，情報ネットワークの設計・制御に必要となる情報（制御情報）に比較して，極めて少ない情報を用いて環境適応を図っているものと考えられている．その鍵となるのが「**生体ゆらぎ**」である．

4.1　生体ゆらぎとその効用

　生物システムは，分子から細胞，脳，個体，更には社会レベルに至る階層を持つ，複雑かつ高次元でダイナミックなシステムである．一方，情報ネットワークは，ルータ/ホスト，LAN，WANなどの階層を持つシステムである．**階層性**を有する点では，生物システムと情報システムは類似しているといえる．しかし，取り巻く環境の変化にどのように適応していくか，すなわち，環境適応のしくみが情報ネットワークと生体システムで大きく異なることがわかっている．

　情報ネットワークにおける環境適応は，環境変化の内容を知り，環境変化後の状況に適した形の情報ネットワークを構築することによって行われる．情報ネットワークを構築する手法として，**混合整数線形計画法**（Mixed Integer Linear Programming：MILP）などの**数理計画法**によって最適解，すなわち，最適な情報ネットワークの構成を導出する手法がある．

一般に，数理計画法による解法は，与条件を与え事前に規定される制約下のもと性能指標を最大化もしくは最小化するものである．情報ネットワークを取り巻く環境，例えば，ルータ間の通信需要などを与条件の一つとして与え，その環境下での最適な情報ネットワークを構築する．

環境が変化した場合，あるいは，環境の観測によって変化を認識した場合には，再び数理計画法による最適な情報ネットワークを算出し，新たな情報ネットワークを構築することによって環境適応を図ることになる．ただし，数理計画法による解法ではノード数の増大に対して計算量が爆発的に増大するため，実用的な時間で解を計算することはできず，環境適応に膨大な時間を要する．

もちろん，計算時間の短縮を狙った**発見的手法**により良好な解を求める手法も数多く検討されている．しかし，それらの手法は基本的に数理計画法による解法と同様に，ネットワークの構成情報や通信需要などの与条件が得られることを前提として解を求めるものであり，通信需要の計測自体に時間を要する場合には，環境適応への時間も増大することとなる．

実際にルータ間の通信需要は常に変動するものであって，正確に見積もることは難しく，長期にわたって計測した平均的な通信需要をもって数理計画法への与条件として与える．数理計画法による情報ネットワークの環境適応は，ルータ間の通信需要などのネットワークを取り巻く環境を常に把握し，その環境に対して性能が最適化されるネットワークを求めることによって行われる．

数理計画法や発見的手法を用いた情報ネットワーク構築手法では，環境変動は生じないものとして問題を扱ってきた．これは数理計画法や発見的手法を適用する前提となる与条件が変わると問題を解くことができないためである．実際には環境変動は常に生じるが，どのように対処するのだろうか．

これについては，短期的な通信量の変動については，極端にいえば無視する，もしくは，無視できるほどのネットワークリソースをあらかじめ冗長に配備しておく，といった対処が行われている．長期的，かつ，恒常的な変動に対しては，通信需要を計測し数理計画法により再び最適解を求めるが，再び最適解を得るまでは利用者が我慢をしながらネットワークを使用することとなる．この

ように，環境変動が生じないものとして問題を解く手法を用いると，環境適応のしわ寄せはネットワークコストもしくはネットワーク利用者へと波及することとなる．

ほかにも，例えばOSPF (Open Shortest Path First) に代表される情報ネットワークの経路制御においても同様のアプローチが採られている．OSPFでは，情報ネットワークの接続状況が変化すると，その変化の内容を全てのルータに通知する．各ルータは変化内容がネットワーク内に周知される頃合いを見て，変化後の接続状況に対して最適コストの経路を求め，新しい環境に適した経路に一斉に切り替える．

一方，生物システムは，システムが取り巻く環境の全体像を把握する手段をもっておらず，数理計画法による解法で必要となる詳細な与条件を得ること自体が困難である．生物システムは，情報ネットワークの設計・制御に必要となる情報（制御情報）に比較して，極めて少ない情報を用いて環境適応を図っているものと考えられている．では，生物システムが環境変動にどのように適応しているのだろうか．その鍵として考えられるのが「ゆらぎ」である．

「ゆらぎ」を用いるシステム制御は脳や生体に共通して見られる制御原理であり，数理計画法による解法のように全体システム制御がプリプログラムされていなくとも，ノイズを生かして環境変動に対して適応的に動作する自己組織型制御の一種である．全体像を把握したシステム制御を不要とする結果，エネルギー消費の著しい低減が期待される．

情報ネットワークを構築するにあたっては，ルータ数の増大に対する計算量及び収集情報量の爆発的な増大を回避しつつ，通信量の変動に対する適応性を高め，更に，機器故障やリンク故障などに環境適応していくためには，新しい概念に基づく構築手法が必要であり，その手法として考えられるのが，**ゆらぎ制御**である．

4.2 ゆらぎ制御

生物システムは,分子から細胞,脳,個体,更には社会レベルに至る階層をもつ複雑かつ高次元でダイナミックなシステムである.このようなシステムが決定論的手法で制御されていると考えるのは,制御すべきパラメータがあまりにも多く現実的でない.実際,これまでの研究によって,生物は,大きなエネルギーを用いて厳密さを追求する方法ではなく,むしろ,ノイズを遮断せずに利用することによって,高次元なシステムを制御していることがわかってきている.

脳や生体,細胞レベルで,その制御機構を説明するのがゆらぎ制御であり,その数理モデルも以下のランジュバン(Langevin)型の式で表されるものとして既に確立されている.

$$\frac{dx}{dt} = activity \cdot f(x) + \eta \qquad (4.1)$$

この制御式の構成要素の一つめは,$f(x) = -dU(x)/dt$(ただし,U はポテンシャル関数)である.ポテンシャル関数 $U(x)$ は,状態変数 x に対して,ノイズ項 η に基づいてアトラクタを探索することを可能とする構造を持つエネルギー関数である.二つめはアクティビティ(activity)である.

アクティビティは,環境変動に応じてポテンシャル関数を変調させることによってノイズによるアトラクタ探索を実現するものであり,システムにとっての「心地のよさ」を表す.最も重要なものはノイズ項 η であり,システムの詳細な構造に依存せず,アトラクタを探索することを可能にする.自己組織型制御は,① 局所的な情報交換によるインタラクション,② 正のフィードバック機構,③ 負のフィードバック機構,④ ランダム性を有するものとして定義され,大局的な制御なしに,所望の効果を得ることを目的とした制御である.

ここで,局所的な情報は,ゆらぎ制御におけるアクティビティであり,アクティビティを算出するために必要となる情報は大局的な制御のために収集する

情報と比較して飛躍的に少なく，収集する情報量の飛躍的な削減が実現できる．更に，$f(x)$ に対して，上記の②，③の構造を埋め込むことができれば，ゆらぎ制御はまさに**自己組織化制御**を実現するものである．

では，情報ネットワークの設計・制御にゆらぎ制御を適用するにはどのようにすればよいのだろうか．状態変数 x は容易に定まる．これは，従来の情報ネットワークの設計・制御で決めている制御変数そのものである．一方，アトラクタを表現する $f(x)$ やアクティビティについては対象とする情報ネットワーク設計・制御にもとづいて決めなければならない．すなわち，対象とする情報ネットワークの制御構造を $f(x)$ で記述し，望ましい安定状態をアトラクタとして表現する．その結果，アクティビティによって変調された $f(x)$ にもとづいて，解探索がノイズによって駆動される．

アクティビティは，情報ネットワークにおいては対象となるシステムの性能指標に相当する．ゆらぎ制御の優れた点は，制御にシステムの性能指標のみを用いる点であり，通信量の変動や故障などによる環境変動をあらかじめ想定した制御を定義する必要がないことである．情報ネットワークにおいては，システム状態を把握するための膨大なノード間の情報交換を必要とせず，また，システムの全状態を考慮した**全体最適化**問題を解く必要がないことを意味する．その結果，制御に必要な計算時間を飛躍的に短縮することが期待できる．

以降では，このようなゆらぎ制御を用いた情報ネットワーク制御の例を述べ，ゆらぎ制御の特性を見ていく．

4.3　ゆらぎ制御にもとづく情報ネットワークのトポロジー制御

まず，本節で述べるゆらぎ制御にもとづく情報ネットワーク制御として，物理基盤上に仮想的なネットワークを構成する光パストポロジー制御を扱う．その中でも特に，物理基盤として**波長分割多重技術**（Wavelength Division Multiplexing：WDM）に基づく光通信ネットワークを用いて，波長を単位としたパスを設定し，上位層プロトコルのデータを転送するネットワーク構成制御を対象とする．

4. 生体ゆらぎと情報ネットワーク制御

図 4.1 は，ルータと，ルータから発せられる光信号の方路を切り替えることが可能な光信号処理装置で構成される物理基盤ネットワークの例である．図では，ルータどうしは直結されておらず，**光信号処理装置**（OXC）を介して接続されている．光信号処理装置の設定が適切に行われるとルータ間で光信号の交換が可能となる．すなわち，IP ルータ間に仮想的な光のチャネルを構築することが可能となる．以降，IP ルータ間に構築される仮想的な光のチャネルを光パス（lightpath）と呼ぶ．光パスは，IP ルータにとっては仮想的なリンクとなる．

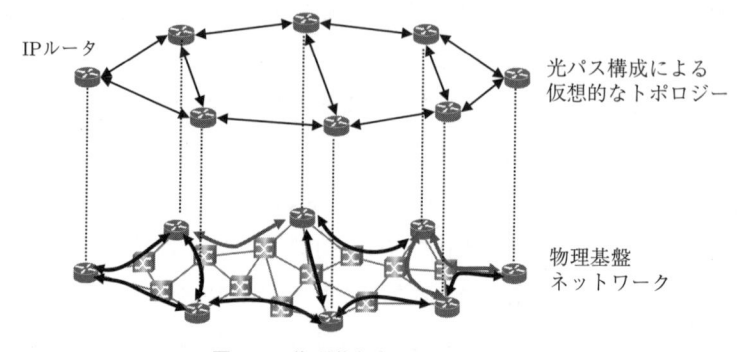

図 4.1 物理基盤ネットワークの例

物理基盤ネットワークでは，光信号処理装置の信号方路を設定することで仮想的なリンクを IP ルータに提供し，IP ルータでは提供された仮想的なリンクからなる IP ネットワークを用いてデータを交換する．IP ルータには d 個のトランスミッタとレシーバが具備されており，IP ルータから発する光パスは d 本以下としなければならない．また，IP ルータ間のトラヒック需要は時々刻々と変化するため，d 個のトランスミッタとレシーバを用いてトラヒック需要に適した VNT を構築する必要がある．

トラヒック需要の変化に適応し，IP トラヒックを効率的に収容するための VNT の構築に関する研究では，前節で述べたとおり，混合整数線形計画法（MILP）によって最適解を導出する手法や発見的方式により解を求める手法が検討されてきた．本節では，ゆらぎ制御にもとづく情報ネットワーク制御を述べること

が主眼であるが，対比のため VNT 設計・制御を最適化問題として解く全体最適化方式を次に提示しておく．

全体最適化方式 ─────────────────────
表 記 ─────────────────────────────
V : 　　　　物理基盤ネットワークのノード集合
N : 　　　　物理基盤ネットワークのノード数，$N = |V|$
u, v, s, d : 　ノード ID

定 数 ─────────────────────────────
d_u : 　　　ノードのトランスミッタ数及びレシーバ数
T_{uv} : 　　ノード u とノード v 間の通信需要量．何らかの手段で取得し，既知であると仮定する．

変 数 ─────────────────────────────
x_{uv} : 　　ノード u とノード v 間に光パスを構築する場合 1，構築しない場合 0 となる，2 値変数
f_d^{uv} : 　　ノード u とノード v 間の光パスを経由するノード d 宛の通信需要量
$load$: 　　光パスを流れる通信需要量

制約 1: ノードにおけるポート数制約

$$\sum_v x_{uv} \leq d_u \quad \forall u \in V$$

$$\sum_u x_{uv} \leq d_v \quad \forall v \in V$$

制約 2: ノード u とノード v 間の光パス数の下限制約

$$x_{uv} \geq \sum_d f_d^{uv} \quad \forall u, v \in V$$

制約 3: ノードにおけるトラヒック収容の制約

$$\sum_{ud} f_d^{ud} = \sum_d T_{sd} \quad \forall s \in V$$

$$\sum_v f_d^{kv} = \sum_u f_d^{uk} + T_{kd} \quad \forall k, d \in V (k \neq d)$$

目的関数： VNT 上のリンク（仮想リンク）を流れるトラヒック量の最大値の最小化

$$load \geq \sum_d f_d^{uv} \quad \forall u,v \in V$$

minimize $load$

変数 x_{uv} は 0 あるいは 1 の 2 値変数であり，f_d^{uv} や $load$ は一般に実数値であることから，上記の最適化問題は混合整数線形計画問題となる．x_{uv} の組合せ数は $2^{N(N-1)}$ であり，N の増加とともに組合せ数が指数的に増大し，その結果，数理計画問題を解くための計算時間も N の増加とともに指数的に増大する．

一般に，数理計画問題を解くためには自身で解法をプログラミングするか，あるいは，ソフトウェアライブラリ（ツールを含む）を利用する必要がある．ソフトウェアツールについてはフリーソフトウェアである GLPK（GNU Linear Programming Kit）[1] が知られている．商用ソフトウェアでは IBM 社による CPLEX[2] があり，研究者のみならず産業界でも広く利用されている．ここでは触れないが，仮想トポロジーの構築以外にも，通信ネットワークにおいてはさまざまな数理計画問題が存在する．通信ネットワークにおける数理計画問題，及びその解法については文献3) でまとめられている．

通信ネットワークにおける数理計画問題については，最適化問題を解くことなく発見的方式により全体最適化を行う方式も検討されている．しかし，いずれの全体最適化方式についても，ノード間の通信需要 T_{uv} が既知であるものとし，全体像を把握したうえで性能指標の最適化・準最適化を図るものとなっている．

ゆらぎ制御にもとづく情報ネットワークのトポロジー制御では，上述の仮想的なトポロジーの設計・制御に関する数理計画問題において必須となるノード間の通信需要の情報取得に関するオーバヘッドを，ノイズ項 η を用いて巧妙に回避している．

アトラクタ選択

ゆらぎ制御にもとづく情報ネットワークのトポロジー制御では，ゆらぎ制御を実現するモデルの一つであり，細胞の活性度に応じて遺伝子ネットワークが代謝ネットワークを制御する数理モデルである**アトラクタ選択**（attractor selection）を用いる．アトラクタ選択は，システムの状態を表す変数 x が，ゆらぎ方程式

$$\frac{dx}{dt} = activity \cdot f(x) + \eta$$

を用いて駆動され，$f(x)$ で表現される安定点（アトラクタ）へと導く数理モデルである．

システムの状態を表す変数 x が「ゆらぎ」と確定的な振舞いによって駆動され，それらの二つの振舞いがシステムの状態を示すフィードバック値（アクティビティ）によって制御されるモデルであり，生物システムが未知の環境変化に適応し生物システムの状態を安定点へと制御する選択による状態制御がなされる．

図 4.2 は，**遺伝子ネットワーク**による**代謝ネットワーク**制御が，光パストポロジー制御にどのように対応付けられるかを示したものである．遺伝子ネットワークには複数種の遺伝子があり，遺伝子が発現すると代謝反応に対して触媒作用を及ぼす．代謝ネットワークの代謝反応量を活性度とし，遺伝子は互いに活性及び抑制の相互作用によって，それぞれの遺伝子 i の発現量 x_i を変化させる．

光パストポロジー制御においては，光パスを設定可能な全てのルータ間に対して生物モデルの遺伝子があるものとし，遺伝子の発現量が多い場合に光パスを設定し，また，発現量が少ない場合は光パスを除去することを考える（図 4.3）．活性度は，IP ネットワーク制御の目的そのものとすればよく，例えば IP ネットワークの品質指標に対応付ける．品質指標に対応付ける場合，IP ネットワークの品質に応じてポテンシャル関数が変調され，「心地のよい」光パストポロジーの探索が行われる．

ゆらぎ制御の観点から述べると，ある光パストポロジーが環境に対して十分な性能が確保できない場合は，アクティビティが小さくなり，システムはポテ

72 4. 生体ゆらぎと情報ネットワーク制御

（a）代謝ネットワーク制御

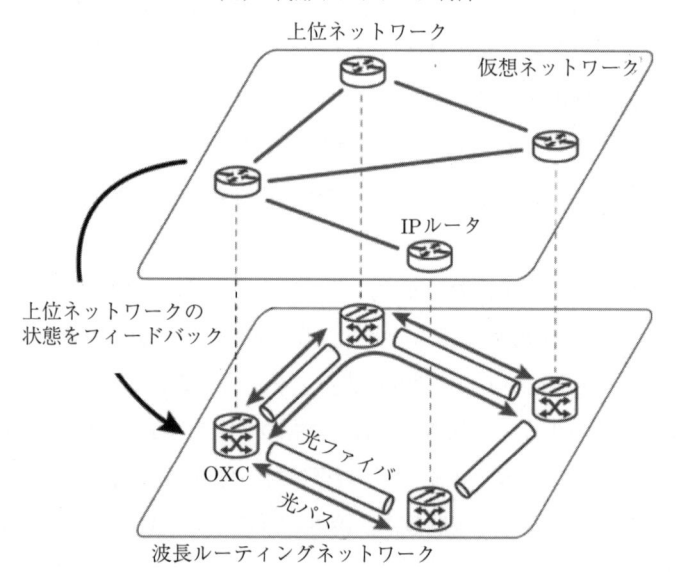

（b）光パストポロジー制御

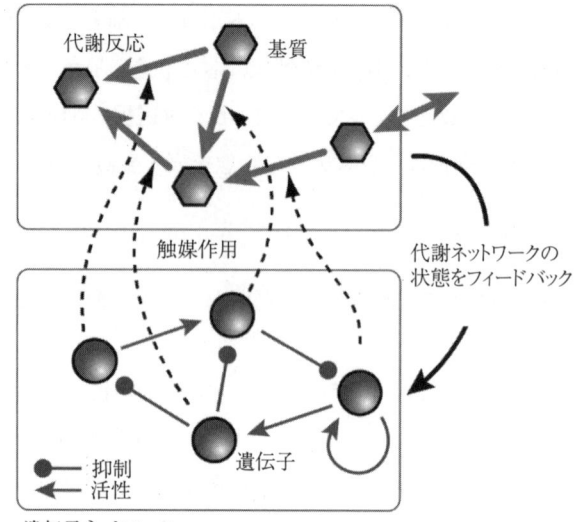

図 **4.2** 遺伝子ネットワークによる代謝ネットワーク制御と光パストポロジー制御

4.3 ゆらぎ制御にもとづく情報ネットワークのトポロジー制御

x_1の値にもとづき光パスの
設定/除去を決定する

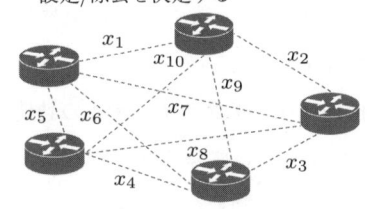

図 4.3 遺伝子発現量にもとづく光パストポロジー制御

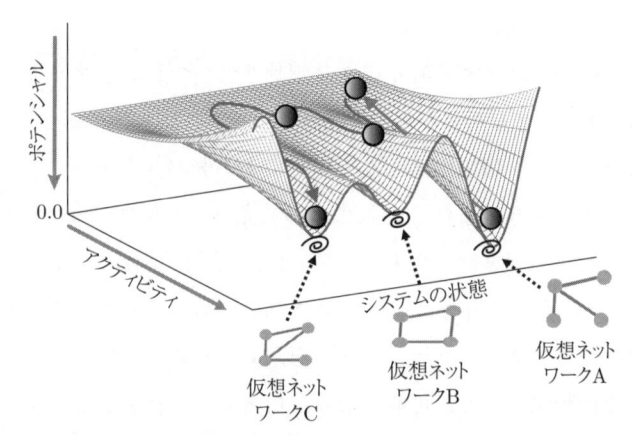

図 4.4 ゆらぎ制御の振舞い

ンシャル関数の安定点から容易に推移可能となる．この様子を図 4.4 を用いて説明する．図は，ゆらぎ制御の振舞いを模式的に表したものである．

図中の「システム状態」の軸方向に描かれている曲線は関係式 $f(x) = -dU(x)/dt$ により変換される**ポテンシャル関数**を表現したものである．なお，光パストポロジーのシステム状態（**状態空間**）は，その状態変数の数が m であるとき，本来は m 次元空間上の曲線となるが形式的に 1 次元で表現している．図中の球体の位置は，システムの状態である m 次元ベクトル $(x_1, \cdots, x_m)$ を表現している．

まず，球体の位置，すなわち，システムの状態が仮想ネットワーク A にあるものとし，かつ，現在の時刻 t では IP ネットワークの品質指標は良好であり

「心地のよい」状態にあったとする．時刻 t では「心地のよい」状態であったが，時刻 $t+\Delta t$ では，通信需要の変動などにより IP ネットワークの品質指標が悪化し，「心地のよい」状態ではなくなる場合を考える．

この場合，IP ネットワークの品質指標の悪化はアクティビティの数値に反映され小さくなる．アクティビティが小さい場合には，ゆらぎ方程式においてシステムの状態 x を決定する際に $f(x)$ が寄与する割合が減少する．システムの状態 x は，あたかもポテンシャル関数がフラットになったかのように，ノイズ項 η により駆動される．

システムの状態 x はノイズ項 η により駆動されつつも，IP ネットワークの品質指標であるアクティビティが常にフィードバックされる形となっており，いずれ現在のネットワーク環境に適した安定点である光パストポロジー（仮想ネットワーク C）へと引き込まれ，「心地のよい」光パストポロジーへと導かれる．

なお，大局的な制御を行う従来の手法では，大局的情報として全てのルータ間の通信需要の情報を収集するが，ゆらぎ制御にもとづく光パストポロジー制御では，局所情報であるアクティビティを求めるために収集しなければならない情報の量を抑制することが可能となる．例えば，光パストポロジーの各光パスを経由する通信量（リンク通信量）の最小化を目的とする場合には，リンク通信量の情報を収集しており，収集情報量の飛躍的な削減が実現可能である．

以降では，ゆらぎ制御にもとづく情報ネットワークのトポロジー制御，特に光パストポロジー制御手法を具体的に述べる．あるルータ間 i に対して光パスを設定する/しないを決定する 2 値の制御変数を l_i とおくと，光パストポロジーの状態は，$L = (l_1, \cdots, l_i, \cdots)$ と表記される．なお，以降では全てのルータ間に光パスを設定可能であると仮定し，L の要素数は $N(N-1)$ であるものとする．

ゆらぎ制御にもとづく光パストポロジー制御では，l_i の状態を決定するための遺伝子 i があるものとし，遺伝子 i の発現量 x_i によって光パスの設定/除去を制御する．発現量 x_i は，以下の時間発展方程式で決定される．

$$\frac{dx_i}{dt} = \alpha f_i(x) + \eta \tag{4.2}$$

$$f_i(x) = \text{sig}\left(\sum_j W_{ij} \cdot x_j\right) - x_i, \quad \text{sig}(z) = \frac{1}{1+e^{-z}} \tag{4.3}$$

ここで，$f_i(x)$ はアトラクタをもつ制御構造である．アトラクタをもつ制御構造は，遺伝子間の相互作用を表す制御行列 W_{ij} によって定まる．なお，W_{ij} をどのように定めるかは後述する．$f_i(x)$ の値は，ほかの光パスの設定状態 x_j，及び，x_i の値と x_j の値の結合の強さを表す**制御行列** W_{ij} によって決定される．システムの安定点であるアトラクタは，制御行列 W_{ij} によって表され，結合の強さが大きいほど x_j の値によって x_i の値が決定されやすくなる．すなわち，アトラクタに強く引き込まれる．η はノイズ項であり，平均 0 の**ガウス雑音**（Gaussian noise）を用いる．

α は，システム状態である光パストポロジーの「心地のよさ」を表すアクティビティであり，IP ネットワークの品質指標を用いて定義される．品質指標としては，例えばルータのパケット処理量や消費電力量，あるいはリンク利用率なども考えられるが，ここでは最大リンク利用率を用いる．具体的には，l_i を流れるトラヒック量を l_i の容量で正規化した値を l_i の利用率 μ_i とし，IP ネットワークの最大リンク利用率 $\mu_{max} = \max_i \mu_i$ とする．α は，μ_{max} を用いて

$$\alpha = \frac{1}{1+\exp(\delta \cdot \mu_{max} - \theta)} \tag{4.4}$$

と定義する．ただし，δ，θ は定数である．アクティビティ α の値域は [0:1] となる．α は μ_{max} が θ を超えると 0 に近づき，μ_{max} が θ 未満では 1 に近づく．δ は μ_{max} が θ 近傍での α の変化量を調整するパラメータであり，δ が大きいほど傾きが急になる．

このように α を定義することによって，最大リンク利用率 μ_{max} が θ より大きい場合は，IP ネットワークの品質が悪いとみなしてを 0 に近づけ，ノイズ項 η によって新たなアトラクタが探索されることとなる．一方，μ_{max} が θ よりも大きい場合は，IP ネットワークの品質が良いとみなし，アトラクタに収束するように光パストポロジーを制御することとなる．

ゆらぎ制御を活用した光パストポロジー制御手法では，一つの望ましい光パストポロジー候補を一つのアトラクタとしている．複数のアトラクタを行列 W_{ij} によって表現することで，システム状態をアトラクタに引き込みつつ，局所情報の収集によって得られるフィードバック値 α を用いてシステム状態が環境に適しているかを判断し，適していない場合には異なるアトラクタに引き込むことを可能としている．これにより，環境に適した光パストポロジーへの移行が実現される．

安定点（アトラクタ）を有する制御行列 W_{ij} は，**ホップフィールドネットワーク**[4),5)] の知見を利用し，**パターン直交化手法**[6)] を用いて決定する．ホップフィールドネットワークは，ヒトや動物の脳を構成する神経細胞が，相互結合を介して情報を記憶する相互結合ネットワークのモデルの一つである．

いま，アトラクタとして制御行列 W に記憶させたい光パストポロジー候補の集合を，$\{g^{(1)}, \cdots, g^{(l)}, \cdots, g^{(k)}\}$ とする．光パストポロジー候補 $g^{(l)}$ に対応する遺伝子発現量を $x^{(l)}(=(x_1^{(l)}, \cdots, x_m^{(l)}))$ と表記するとき，ベクトル $x^{(1)}$, $x^{(2)}, \cdots, x^{(k)}$ を行とする行列 X を定義し，制御行列 W を $X^+ X$ と定めればよい．ただし，X^+ は X の擬似逆行列（pseudo–inverse matrix）である．

パターン直交化を用いてアトラクタを定義した場合は，そのアトラクタの安定性が高いことが知られている．なお，パターン直交化以外にもヘブ（Hebb）則[5)] などより簡便な方法を用いることも可能である．

アトラクタ選択を用いた光パストポロジー制御手法について，コンピュータシミュレーションによる数値例を示す．なお，制御手法において，ノイズ項 η の分散は 0.15，制御行列 W_{ij} で保持するアトラクタ数 k は常に 20 としている．制御行列 W_{ij} の初期値はランダムに生成した光トポロジーを用いるが，制御の過程で現在の環境に適した光パストポロジーが発見されれば，その光パストポロジーをアトラクタとして W_{ij} を再計算している．

100 ノード，496 光ファイバからなる光通信ネットワークを対象とし，ノード障害（ルータ及び光ノードの障害）が発生したときの最大リンク利用率の時間推移の一例を図 **4.5** に示す．横軸は制御ステップ数であり，制御ステップ 200

4.3 ゆらぎ制御にもとづく情報ネットワークのトポロジー制御

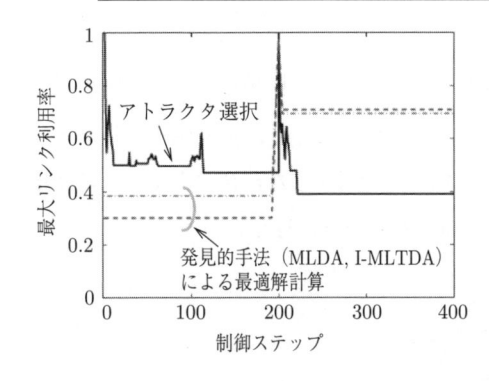

図 4.5 ノード障害に伴う最大リンク利用率の時間推移

においてランダムに選んだ 20 ノードに障害を発生させている．初期光パストポロジーはランダムに生成している．

コンピュータシミュレーション開始直後（ステップ 0）は，ランダムに設定した通信需要によって最大リンク利用率が高い．そのため，アクティビティは低下し，ノイズ項によるアトラクタの探索が行われ，時間経過とともに最大リンク利用率が $\theta (= 0.5)$ 付近となる光パストポロジーへと収束していることがわかる．

制御ステップ 200 においてノード障害が生じると，障害が発生したノードと，そのノード出入りする光ファイバ，及び，その光ファイバを利用していた光パスが利用できなくなる．IP ネットワークでは，一部の光パスが利用できなくなるため，障害後に利用可能な光パスを用いてパケットを迂回させるため，最大リンク利用率が高くなっている．

なお，ここでは光通信ネットワークでは障害検出や障害機器迂回のメカニズムなどは持たないものとしている．すなわち，光信号レベルでの迂回は行わないものとし，光パスはノード障害発生中には常に利用不可能であるものとする．したがって，数理計画法や発見的手法を用いるにあたって必須となるネットワーク構成情報が利用できないため，最大リンク利用率が高くなっている．

一方，ゆらぎ制御を用いた光パストポロジー制御では，ステップ 200 で生じたノード障害によりアクティビティが低下した場合においても，ステップ経過とともに最大リンク利用率が $\theta (= 0.5)$ 付近となる光パストポロジーへと収束

している様子が見てとれる．図 4.6 は，ノード障害の規模の違いに対する各光トポロジー制御手法の適応性を評価した結果である．横軸はノード障害の規模であり，縦軸は制御成功率を示している．制御成功率は，障害発生後に最大リンク利用率が θ 以下になる光パストポロジーに収束した割合である．ここではそれぞれのノード障害規模に対して 1 000 パターン試行し成功率を求めている．

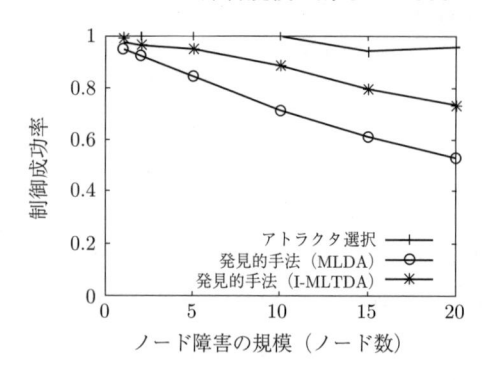

図 4.6 ノード障害の規模に対する制御成功率

図を見ると，大局的情報を用いることを前提とする発見的手法では，障害規模が大きくなるとともに成功率が低下していることがわかる．一方，ゆらぎ制御を用いた光パストポロジー制御を用いた場合，障害規模が大きくなっても制御成功率が低下しないことが観察される．

前述の数値例では，ランダムに算出した 20 個の光パストポロジーをアトラクタとしていた．ゆらぎ制御にもとづく光パストポロジー制御手法では，VNTは最終的にアトラクタに収束するため，アトラクタとして保持する光パストポロジー候補のいずれかが現在の環境に適応できる解であることが望ましい．

しかし，構築しうる光パストポロジーの最大数は 2^{N^2} と膨大であるのに対し，制御行列 W に保持できるアトラクタ数は状態変数の数 N^2 の 10～15% 程度であることが知られている[4]．したがって，全ての光パストポロジー候補をアトラクタとして保持することは不可能である．また，制御行列 W によって表現されるアトラクタ数が多くなると，環境に適さないアトラクタ数も増加し，それらに引き込まれることで，環境に適した光パストポロジーに移行するまでの時間が増大するデメリットがある．そのため，環境変動に対する適応性を高め

4.3 ゆらぎ制御にもとづく情報ネットワークのトポロジー制御

るためには,アトラクタ数を極力少なくしておくことが望ましい.

一方,アトラクタ数を少なくすると,環境に適したアトラクタが存在しない可能性が高まる.環境に適したアトラクタが存在しない場合には,ノイズ項 η による光パストポロジーの探索が行われるが,ランダムに探索することと等価となるため,環境変動への適応性が損なわれることになる.したがって,ゆらぎ制御を用いる光パストポロジー制御手法では,アトラクタの形や数をどのように定めるかが工学上の課題となる.

どのようなアトラクタを用意するか

どのようなアトラクタを用意すればよいのだろうか.ゆらぎ方程式におけるアトラクタは,システムの状態が収束する安定点を定めるものであった.すなわち,システムの状態が推移していく系におけるランドマーク —目印— となっている.目印が多すぎると目的地(＝心地のよいシステム状態)を見失い,目印が少なすぎると目的地に到達できないと解釈することができる.

このように解釈すると,アトラクタは十分に異なるシステム状態であること(異なる位置に目印があること),及び,アトラクタの特徴が互いに異なっていることが要件として考えられる.結局のところ,アトラクタとして保持する光パストポロジー候補を適切に選定する問題は,2^{N^2} 個の解空間から,多様な特性を有する光パストポロジー候補を選択する問題に帰着すると考えられる.

以降では,特性が異なる光パストポロジーをアトラクタとすることで,ゆらぎ制御を用いる光パストポロジー制御の制御回数が抑制される例を示していく.具体的には,図 4.7 のように光パストポロジーの特性にもとづいて分類し,分類されたそれぞれのグループから代表となる光パストポロジー候補を選定することで,限られた個数でも多様性をもった光パストポロジー候補を選定するアプローチの例を述べる.選定アプローチの概要は以下のとおりである.

Step.1 ある程度の数の光パストポロジー候補を列挙する.

Step.2 列挙した光パストポロジー候補を絞り込む.光パストポロジー候補の特性をもとに光パストポロジー候補群に分類する.

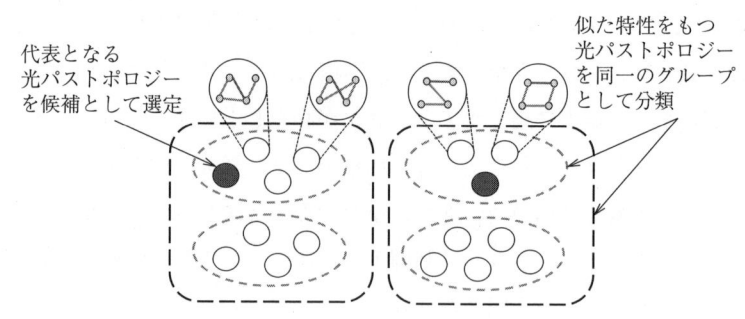

図 4.7 光パストポロジーの分類と光パストポロジー候補の選定

Step.3 各光パストポロジー候補群から代表となる光パストポロジー候補を選択し，それをアトラクタとして保持する．

Step.1 では，2^{N^2} の解空間から光パストポロジー候補を絞り込む．具体的には，ある光パストポロジー g_i をベースとし，その同型 (isomorphic) の光パストポロジー候補を列挙することで，2^{N^2} の解空間から最大で $N!$ 個の光パストポロジー候補に絞り込む．

ここでは，適当に定めた通信需要 T_i をもとに，発見的手法により T_i を収容可能な光パストポロジー g_i を算出し，g_i の同型の光パストポロジー候補を列挙する．g_i は T_i を収容可能であるため，トラヒックが変動した場合でも，g_i の同型のいずれかの光パストポロジー候補で変動したトラヒックを収容できることが期待できる．この列挙した光パストポロジー候補の集合を G とする．ただし，列挙した光パストポロジー候補のうち物理基盤ネットワークの資源の制約を満たさない光パストポロジー候補は除去する．

Step.2 では，Step.1 で絞り込んだ光パストポロジー候補の集合 G に対して，光パストポロジー候補集合 G に含まれる各光パストポロジー候補をその特性をもとに分類する．ゆらぎ制御を用いた光パストポロジー制御手法では，光パストポロジーの性能指標として最大リンク利用率を用いている．

最大のリンク利用率を示すリンクは，トラヒックが流れたときにリンク利用率が最大となるリンクであり，光パストポロジー上のボトルネックリンクとなる．ただし，どのようなトラヒックが流れるかは事前に知ることはできない

め，リンクを経由する最短経路数に相当する値である**エッジ媒介中心性**（edge betweenness centrality）を用いる．

エッジ媒介中心性が高いリンクは，トラヒックが流れたときにリンク利用率が高くなる傾向にある．そこで，エッジ媒介中心性をリンク利用率の推定値として利用し，光パストポロジーを分類する．分類は，ボトルネックとなるリンク，すなわち，エッジ媒介中心性が最大となるリンクが異なるように行う．ボトルネックリンクが同一となる光パストポロジーは同一のグループに分類し，ボトルネックリンクが異なる光パストポロジーは異なるグループに分類する．

上述の手順により作られるグループを，**光パストポロジー候補群**と呼ぶこととする．いま，仮想リンク数は最大で N^2 であるため，光パストポロジー候補群は N^2 種となる．

光パストポロジー候補群の数は最終的に $0.1\ N^2$ 個程度にする必要があるため，N^2 種の光パストポロジー候補群を併合し，似た特性をもつ光パストポロジー候補群 G_p をより大きな光パストポロジー候補群に併合することを考える．ここでは，**次数中心性**（degree centrality）が小さいノードに接続されたリンク間で負荷の相関が高いことを利用して光パストポロジー候補群を併合する．

あるノード a を中心に a を経由するトラヒックを考えると，ノード a を終端とするリンク $l_{(s;a)}$ を流れるトラヒックの一部はリンク $l_{(a;d)}$ （s,d はノード a の隣接ノード）にも流れる．したがって，リンク $l_{(s;a)}$ がボトルネックリンクである場合，リンク $l_{(a;d)}$ も高負荷である可能性が高い．

したがって，リンク $l_{(s;a)}$ をボトルネックとする光パストポロジー候補群 $G(s;a)$ と，リンク $l_{(a;d)}$ をボトルネックとする光パストポロジー候補群 $G(a;d)$ に属する光パストポロジー候補は，あるトラヒックに対して同じリンクが高負荷になる可能性があるため，似た特性をもつとみなし，またノード s,d を直接接続するリンク $l_{(s;d)}$ がボトルネックである光パストポロジー候補も似た特性をもつとみなすことができる．そこで，以下の式にもとづき光パストポロジー候補群を併合する．

$$G(s';d') = G(s;a) \cup G(a;d) \cup G(s;d)$$

これを光パストポロジー候補群の個数が $0.1\,N^2$ 個程度となるまで繰り返す．Step.3 では，各光パストポロジー候補群から，代表となる光パストポロジー候補を選択する．エッジ媒介中心性が小さいほど，トラヒックを流したときに最大リンク利用率がより低くなる可能性が高いため，各光パストポロジー候補群からエッジ媒介中心性の最大値が最も小さい光パストポロジー候補をその光パストポロジー候補群の代表として選択し，アトラクタとして保持する．

このような手順で求めたアトラクタを構成する光パストポロジー候補は，それぞれが互いに異なる特性をもつ．ここでいう異なる特性とは，ボトルネックとなるリンクが異なる性質である．また，Step.3 の手順によって，ボトルネックとなるリンクは同一である光パストポロジー候補のうち，エッジ媒介中心性が最小となるものが選ばれている．すなわち，特性は異なるが性能に優れたアトラクタが用意されていると考えられる．

実際にどの程度性能に優れたアトラクタが用意されているかを見てみよう．5 ノードかつノード当り 3 ポート用意された物理基盤において光パストポロジー候補選定アルゴリズムを適用した．I-MLTDA と呼ばれる発見的な手法とランダムに生成したトラヒック需要を与えてベースとなる光パストポロジー g_i を算出している．$0.1N^2$ は約 3 であるため，3 個の光パストポロジー候補を選定している．トラヒック需要として平均 1.5，偏差 0.5 の対数正規分布に従う乱数を 1000 パターン使用し，選定した光パストポロジーの最大リンク利用率を図 4.8 に示す．

図は，選定した仮想網候補にトラヒックを与えたときのすべての仮想網候補の最大リンク利用率の分布を相補累積分布関数により示している．比較のため，ランダムに生成した 3 個の光パストポロジー候補をアトラクタとした場合の結果も示している．なお，ランダムに生成する場合は，光パストポロジー候補の性能にばらつきが生じるため，乱数のシードを変えた際の結果も示している．図を見ると，選定アルゴリズムにより選定した光パストポロジー候補は，ラン

4.3 ゆらぎ制御にもとづく情報ネットワークのトポロジー制御

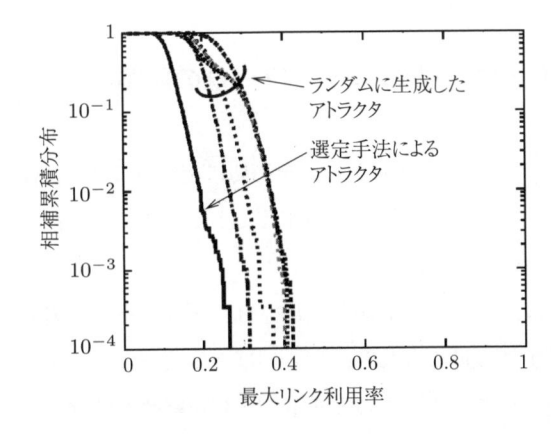

図 4.8 アトラクタ選定手法により選定した光パストポロジーの最大リンク利用率

ダムに生成する場合と比較して，最大リンク利用率を低く抑えられることがわかる．

本節では，ゆらぎ制御にもとづく情報ネットワーク制御の例として，ゆらぎ制御にもとづく光パストポロジー制御手法を述べた．光パスの設定/除去を表す制御変数 x_i を，ゆらぎ方程式

$$\frac{dx}{dt} = activity \cdot f(x) + \eta$$

により制御するものである．従来の制御アプローチでは，制御の良さを表すアクティビティの最適化が目的とされ，最適化のためにネットワーク環境の全体像，すなわち，アクティビティを決定付ける要素である IP の経路制御情報やトラヒック需要情報を正確に取得することが前提とされている．

それに対し，ゆらぎ制御にもとづく情報ネットワーク制御では「心地のよさ」であるアクティビティのみを観測することによって制御をなすものとなっている点で新しい制御パラダイムとなっており，全体像を把握することが困難な場合においても良好な解を発見することを可能としていることが重要である．工学的な側面ではアクティビティや $f(x)$ をどう定めるかを検討する余地が残されており，適切に定めることで良好な解を発見するまでの時間を短縮することが可能となる．

4.4 ゆらぎ制御にもとづく情報ネットワークの経路制御

制御目的に応じて制御式 $f(x)$ とアクティビティ α を適切に定めることで，ゆらぎ制御をさまざまな情報ネットワーク制御に応用することができる．本節では，経路制御への応用を取り上げる[8],[9]．

情報ネットワークにおいては，あるノードから送出されたメッセージを宛先のノードへ届けるため，あらかじめ定められた，あるいは都度決定されたノード間でメッセージが順に転送されていく．このノードの系列を経路と呼び，送受信ノード間で高品質な通信が行えるよう，中継回数（ホップ数）の少ない経路や，エンド間遅延の小さい経路，スループットの高い経路などが選ばれる．

有線網ではネットワークトポロジーの変化が少ないため，ホップ数は長期的に静的な指標であるが，無線網，特に無線アドホックネットワークでは無線通信の品質変動やノード移動によってトポロジーは時々刻々と変化する．また，遅延やスループットは，経路上のリンクを共有する他の通信のトラヒック量の変化の影響を受ける動的な指標である．

標準的な経路制御プロトコルである RIP や OSPF，BGP において，このような動的な指標にもとづいてリンクコストやメトリックを設定することにより，変動する通信品質を考慮した経路制御を実施できる．しかし，ネットワーク規模の増加や変動の時空間的な拡大に伴って，経路算出のための情報交換のオーバヘッドや計算量，計算時間が爆発的に増大する．

そこで，さまざまな要因によって変化する指標にもとづいて適応的に経路を構築，維持するためのしくみとしてアトラクタ選択モデルを用いる．そのため，まず，制御式 $f(x)$ について考える．

無線アドホックネットワークのように，中継ノードごとに転送先の次ホップノードを選択してメッセージ転送を行うホップバイホップ（hop by hop）型の経路制御においては，隣接ノードのうち次ホップノードとして適切な1台を選択することとなる．また，マルチパス経路制御の場合には，あらかじめノード

間に用意された複数の経路から適切な 1 本を選択してメッセージ転送を行う.

したがって,制御式 $f(x)$ としては,隣接ノード数や経路候補数に相当するアトラクタを持つ制御構造であることが望ましい.なお,複数の経路に確率的にトラヒックを振り分けるなどの制御も可能であるが,ここでは基本的な応用例として択一的な制御を扱う.

代謝ネットワークのモデル

生物分野においては,大腸菌がゆらぎ制御によって環境変化に適応的な栄養生成を行っていることが実験的に確認されている[7].大腸菌は,2 種の栄養 A,B を生成する代謝ネットワークをもっており,そのダイナミクスが制御されることによって,環境に不足している栄養を選択的かつ適応的に生成することができる.それぞれの栄養生成は,栄養 A を生成しているときには栄養 B の生成を,また,栄養 B を生成しているときには栄養 A の生成を,それぞれ抑制するような相互抑制の関係にある.

栄養 A,栄養 B それぞれの生成に関わる mRNA の濃度をそれぞれ x_A,x_B と置くと,mRNA 濃度のダイナミクスは以下の時間発展方程式で与えられる.

$$\frac{dx_A}{dt} = \frac{s(\alpha)}{1+x_B^2} - d(\alpha)x_A + \eta_A \tag{4.5}$$

$$\frac{dx_B}{dt} = \frac{s(\alpha)}{1+x_A^2} - d(\alpha)x_B + \eta_B \tag{4.6}$$

アクティビティ α は,大腸菌の活性度に相当する.$s(\alpha)$ と $d(\alpha)$ はそれぞれ mRNA の生成,分解を表す項であり,アクティビティ α の単調増加関数である.アクティビティが高いとき,$s(\alpha) > d(\alpha)$ である.また,η_A,η_B は平均 0 のガウス雑音である.

したがって,mRNA 濃度 $\vec{x} = (x_A, x_B)$ のダイナミクスは,$x_A \gg x_B$ または $x_A \ll x_B$ の二つのアトラクタをもつ.すなわち,環境の栄養状態に適した栄養生成を行っている場合,例えば栄養 A が不足している環境で $x_A > x_B$ であれば,アクティビティが増加することによって,いずれアトラクタ $x_A \gg x_B$ に引き込まれ,安定的にとどまる.

情報ネットワークの経路制御

経路制御においては，隣接ノード数あるいは経路候補数を m とし，それぞれに対して状態値 x_i $(1 \leq i \leq m)$ を割り当てると，状態値ベクトル

$$\vec{x} = (x_1, x_2, x_3, \cdots, x_m)$$

について

$$(x_1, x_2, x_3, \cdots, x_m) = (H, L, L, \cdots, L),\ (L, H, L, \cdots, L),$$
$$(L, L, H, \cdots, L), \cdots, (L, L, L, \cdots, H)$$

のように，大きい収束値 H と小さい収束値 L の異なる組合せからなる m 個のアトラクタを持つ制御式 $f(\vec{x})$ が必要となる．

そのような制御式 $f(\vec{x})$ としては，例えば次式が考えられる．

$$f(x_i) = \max\left(0, \frac{s(\alpha)}{1 + x_{max}^2 - x_i^2} - d(\alpha)x_i + \eta_i\right) \tag{4.7}$$

なお，$x_{max} = \max x_i$ である．

図 4.9 に，本制御式による状態値の変化の様子を示す．$m = 10$ である．なお，破線はアクティビティの変化を示しており，時刻 500 まで 0.1，時刻 500 以降を 1.0 とした．図より，アクティビティが低い期間は状態値がランダムに変動しているが，アクティビティが高くなると，いずれか一つの状態値が大きく，ほかが小さい状態に移行し，安定していることがわかる．

次に，アクティビティ α の定義について考える．アクティビティは状態値の組合せで表される制御，すなわち経路選択の良さに従って単調増加するスカラで

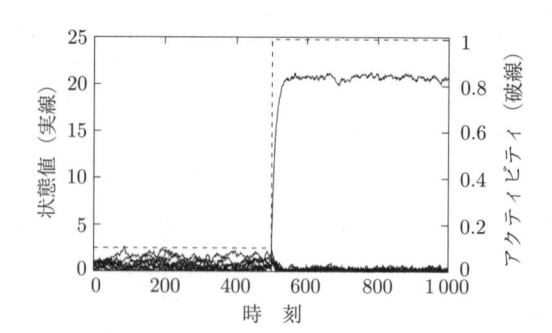

図 4.9 状態値の変化

あるので，負荷分散を目的とする場合には例えば経路に含まれるリンクの利用率の最大値の逆数など，あるいは通信性能の観点では遅延の逆数やスループットなどによって決定することとなる．

ただし，これらは経路全体に関わるいわば大局的な指標である．そのため，送信側ノードや中継ノードといった制御主体に対して，受信側ノードからフィードバックの制御メッセージを送信するなど，アクティビティ，またはアクティビティを算出するための評価値を通知するしくみが必要となる．

一方，大局的な指標にもとづく全体最適化問題を，局所的な指標にもとづく局所最適化問題に分割し，局所最適の結果が全体最適になるような指標を選ぶことができれば，各ノードでは局所的な情報だけを用いる自己組織的な制御が可能となる．ただし，多様で複雑かつ動的な要因が影響する経路制御においては，そのような設計は困難である．

また，アクティビティはこれら評価指標の評価値の関数であると同時に，間接的には，制御内容としての状態値，また，ネットワークの負荷やトポロジーなどさまざまな環境条件の関数でもある．そのため，アクティビティはさまざまな状況に応じて変化する相対値として定義されなければならない．

例えば，1 Gbps の物理的な回線容量のあるリンクで構成されたネットワークにおいて，アクティビティを Gbps 単位の実測スループット，すなわち絶対値で定義したとする．ネットワークの負荷が低い状況では，回線容量に近いスループットを達成できる経路を選択することでアクティビティが高くなり，経路選択が安定する．

しかし，高負荷環境においては，どのような経路を選んだとしても高々数十〜数百 Mbps 程度のスループットしか得られないことが考えられ，アクティビティは低いままで上がらない．その結果，ネットワークの負荷状態を鑑みて十分によい経路を選べていたとしても，ノイズ項に駆動されたランダム探索が繰り返され，経路が不安定になってしまう．

相対的なアクティビティの定義としては，スループットなど経路の良さに対して単調増加な評価値 $a(t)$ と，遅延など単調減少な評価値 $b(t)$ のそれぞれにつ

いて，次式のような関係が考えられる．

$$\alpha(t) = \frac{a(t)}{\max_{t-T<s\leq t} a(s)} \tag{4.8}$$

$$\alpha(t) = \frac{\min_{t-T<s\leq t} b(s)}{b(t)} \tag{4.9}$$

T は履歴のウィンドウであり，アクティビティは直近過去 T 時間における評価値との相対比で与えられる．なお，T は制御回数としてもよい．

履歴ウィンドウ T は，適応する環境変動の時間オーダにもとづいて設定するのが望ましい．環境変動の時間オーダに対して T が小さすぎる場合には，適応不要な短期的な変動に対して経路探索が実施されてしまうため，経路制御の安定性が損なわれる．

一方，環境変動の時間オーダに対して T が大きすぎる場合には，現在の環境にあった解を発見することができない．特に，負荷の増大などネットワーク全体の性能が低下するような状況では，既に達成不能な過去の最良値の影響でアクティビティが低くなるため，解探索が収束しない．

また，評価値の瞬時変動の影響を抑制するためには

$$\bar{a} \to \rho\bar{a} + \max_{t-T<s\leq t} a(s) \tag{4.10}$$

$$\alpha(t) = \frac{a(t)}{\bar{a}} \tag{4.11}$$

のように基準値を平滑化する，あるいは

$$v(t) = \frac{a(t)}{\max_{t-T<s\leq t} a(s)} \tag{4.12}$$

$$\alpha(t) = \rho\alpha(t-1) + (1-\rho)v(t) \tag{4.13}$$

のようにアクティビティを平滑化することが効果的である．なお，いずれにおいても ρ $(0<\rho<1)$ は平滑化係数である．

実際の経路制御の様子を図 **4.10** に示す．それぞれのノード s は宛先ノード d に関する経路情報として，状態値ベクトル $\vec{x}_d = (x_{d,1}, x_{d,2} \cdots, x_{d,m})$ とアクティビティ α_d を保持し，ノード d 宛のパケットを状態値が最大の隣接ノードあ

4.4 ゆらぎ制御にもとづく情報ネットワークの経路制御　　89

$m = 6, \quad \alpha_d = 0.9$
$\vec{x}_d = (x_{d1}, x_{d2}, \cdots x_{d6})$
　　$= (0.1, \mathbf{8}, 0.2, \cdots, 0.5)$
隣接ノード2の状態値が最大

制御メッセージによる
経路の計測

データパケット

フィードバック

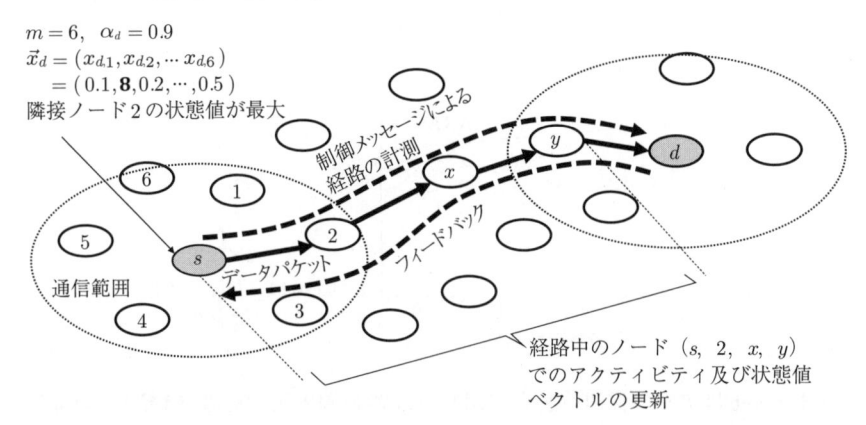

通信範囲

経路中のノード $(s, 2, x, y)$
でのアクティビティ及び状態値
ベクトルの更新

図 4.10　アトラクタ選択モデルを応用したホップバイホップ経路制御

るいは経路候補に送出する．図中では，ノード s においてノード d に対して状態値が最大のノードは2であるため，ノード2にノード d 宛のデータパケットを送信している．

　また，経路情報を更新，維持するため，定期的に制御メッセージを宛先ノードに送信する．制御メッセージは，構築された経路をたどって，宛先ノードに到達する．宛先ノードは，制御メッセージやデータパケットの受信状態から，経路の評価を行い，評価値またはアクティビティをフィードバックメッセージとして送信側ノード s に返送する．

　フィードバックメッセージを受け取ったノード s，及びホップバイホップ型の経路制御の場合には中継ノードは，受信したフィードバック情報にもとづいてアクティビティ α_d を算出したあとに，式 (4.7) によって状態値ベクトル $\vec{x}_d$ を更新する．

　図 4.11 は，アトラクタ選択モデルを応用した無線アドホックネットワーク向けホップバイホップ型経路制御の故障に対する耐性を示している[9]．図中ではMARASと表記している．横軸はある期間における故障回数，縦軸はノードが送出したパケットのうち，宛先ノードに到達したものの割合（配送率）である．

　AODV (Ad hoc On-demand Distance Vector routing)[10] は，無線アドホックネットワークの標準的な経路制御プロトコルの結果を表している．また，

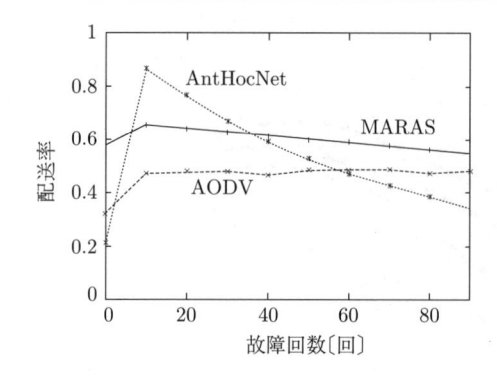

図 4.11 故障回数とパケット配送率

AntHocNet はアリの採餌行動を応用した経路制御手法である（3章）．図より，一部領域で AntHocNet の性能が高いものの，MARAS は安定的に性能を維持できていることがわかる．

また，図 4.12 は，ノード密度に対する耐性を表している．横軸に示したノード数の増加に伴って AODV, AntHocNet の性能が大きく低下しているのに対して，MARAS のパケット配送率は安定して高い．このように，生物の環境適応の数理モデルであるアトラクタ選択モデルを応用することによって，環境変動に適応的，頑健で柔軟な経路制御が可能となる．

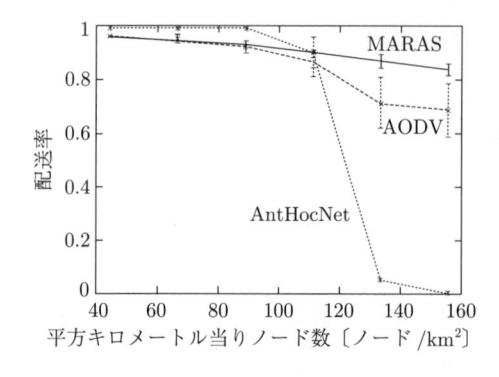

図 4.12 ノード密度とパケット配送率

ただし，マルチパス経路制御では経路候補をあらかじめ構築しておく必要があり，そのためのオーバヘッドがかかる．耐故障性，負荷分散の観点からは，リンクディスジョイント（link disjoint）やノードディスジョイント（node disjoint）など，互いに共有するリンクやノードのない経路集合が望ましい．

4.4 ゆらぎ制御にもとづく情報ネットワークの経路制御

一方，ホップバイホップ型経路制御ではアリの採餌行動を応用した経路制御手法と同様に，ループの問題を解決するしくみが必要である．

ノード s が新たにノード d との通信を行うためには，まず，ノード d に宛てた制御メッセージを送信して経路を構築する．ノード d がネットワークに新規参加した直後など，ネットワーク内にノード d に関する経路情報が十分にない場合には，制御メッセージはランダムにノードを選択して移動し，ノード d，あるいはノード d への経路の情報を有しているノードを探索する．ランダムウォークの結果として，forward ant と同様に制御メッセージがループを生成する可能性がある．

初期経路の構築については，AODV のように制御メッセージをフラッディングによってネットワーク全体に拡散する方法を採ることも可能である．しかし，ノードの故障や移動によって経路が失われた場合には，同様にノード d，あるいはノード d への有効な経路情報を有しているノードを探索することになるため，やはりループが発生する．

アトラクタ選択モデルを経路制御に応用することにより，図 4.13 に示すように，ノード数の増加に対する経路計算量の爆発を抑制し，更に結果として省エネルギー効果も得られる．図は，N ノードからなるネットワークにおいて，全ノード対に経路を構築する際の計算量を示している．リンクの容量や品質が非対称であることを考慮すると，$N(N-1)$ 本の経路が必要となる．

OSPF で用いられているダイクストラ法では，あるノードに関する 1 回の計算の計算量 $O(N^2)$ で，他の N ノードに対する最短経路を同時に算出できる．

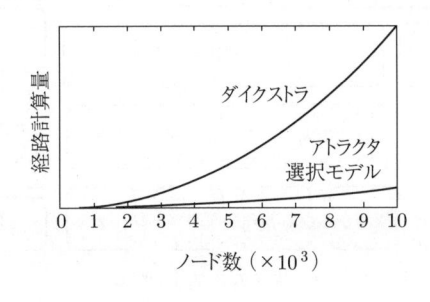

図 4.13 経路計算量の比較

そのため，ネットワーク全体での総計算量は$O(N^3)$である．フィボナッチヒープを用いると，リンク数Eとして$O(N(E+N\ln N))$に計算量を減らすことができる．リンク数はノード数に比例するため計算量は$O(N^2 \ln N)$である．

一方，アトラクタ選択モデルを用いた経路制御手法では，ある宛先ノードに対してアクティビティの算出と，状態値の更新のために隣接ノード数mに相当する式(4.7)の演算が発生する．したがって，総計算量は$O((m+1)N^2)$であるが，$m+1 \ll N$より$O(N^2)$である．

4.5 ゆらぎ制御の階層化

情報ネットワークの階層化

情報ネットワークシステムは，構造的にも機能的にも階層化されている（図4.14）．機能面においては，**OSI参照モデル**によって，コンピュータ通信におけるさまざまな機能が7階層に対応付けられている[11]．ある階層の機能は，下位層の機能が提供する通信サービスを利用して実現されており，更に上位の階層に対して通信サービスを提供する．

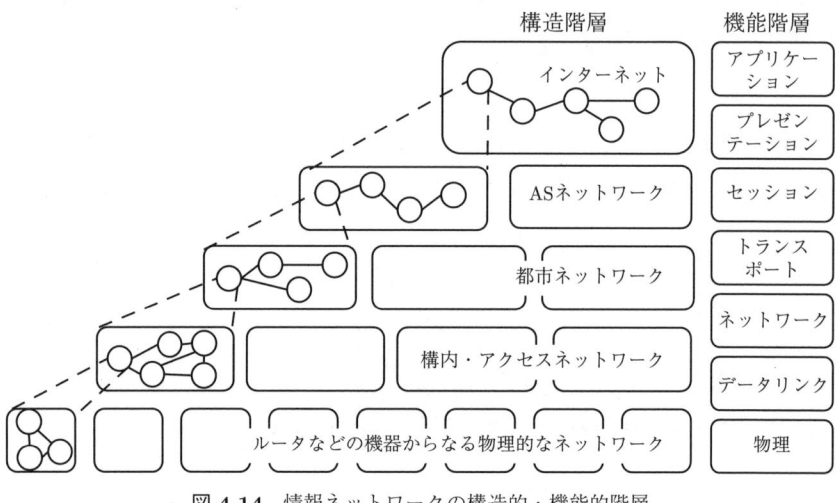

図4.14 情報ネットワークの構造的・機能的階層

4.5 ゆらぎ制御の階層化

このような機能のモジュール化によって，上下階層間のインタフェースが保たれていれば，ある階層の機能を入れ替えてもほかの階層の機能は動作する．その結果，システム全体への影響を考慮せずに新機能の追加や既存機能の変更を簡便に行える，拡張性や柔軟性の高いシステムとなっている．

一方，構造的には，インターネットは，AS（Autonomous System）と呼ばれるネットワークの集合体である．ASとは，単一の経路制御ポリシーによって管理されるネットワークのことであり，ISP（Internet Service Provider）などのネットワークに相当する．ASはより小規模な都市レベルネットワークに，更に都市レベルネットワークは構内ネットワークによって構成されている．

このような構造的な階層によって，直接全体を管理，制御することが困難な大規模ネットワークを，それぞれの階層での構造を単位として分散的，効率的に管理できる．また，トラヒックの変動や故障や通信障害などによるトポロジーの変動の影響をそれぞれの構成要素内に留めることができる．

一方で，構造的な階層，機能的な階層のいずれにおいても，階層間の依存関係が存在するため，ある階層の制御結果が他階層での制御の性能に影響を与える．したがって，情報ネットワークシステム全体を適切に制御するためには，階層間の相互作用を考慮した制御機構が必要となる．以降では，構造的階層，機能的階層のそれぞれについて，ゆらぎ制御における**階層間相互作用**の考え方を論じる．

まず，**図 4.15** に示すような階層化された情報ネットワークでの経路制御を考える．上位層の各ノードは下位層のある一塊のネットワークに対応しており，

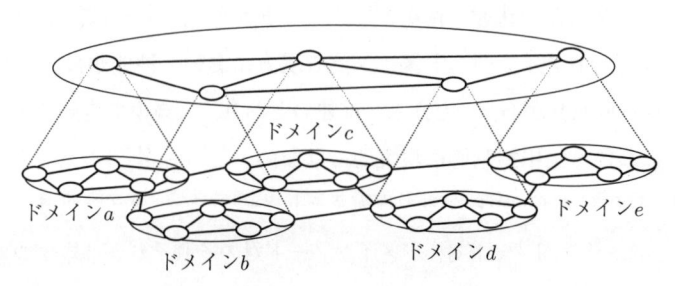

図 4.15 階層化された情報ネットワーク

ここでは下位層のそれぞれのネットワークをドメインと呼ぶ，上位層のノードをドメインノードと呼ぶ．

上位層ネットワークは，ドメインに対応するドメインノードと，ドメインノード間をつなぐリンクによって構成される．ドメインノード間リンクは，両端のそれぞれのドメインノードに対応するドメインの境界ノード間を接続するリンクである．上位層ネットワークでは，あるドメイン内のノードから他のドメイン内のノードへ向けた，ドメイン間トラヒックのためのドメイン間（ドメインノード間）経路制御が実施される．

一方，下位層のそれぞれのドメインでは，同じドメインに属するノード間でドメイン内経路制御が実施される．他ドメインへのトラヒックは，ドメイン間経路に従って該当する境界ノードに転送される．また，他ドメインからのトラヒックの入口，ドメインを通過するトラヒックの入口と出口にそれぞれあたる境界ノードも同様にドメイン間経路制御の結果として決定される．

例えば，ドメイン e 内のノードからドメイン a 内のノードへのトラヒックは，ドメイン間経路が e–c–a の場合にはドメイン e の左端の境界ノード，ドメイン間経路が e–d–b–a の場合には，左下の境界ノードがドメイン内での宛先として選択される．

したがって，ドメイン間経路制御の結果，ドメイン内を流れるトラヒック量や送受信ノードが変化することによって，ドメイン内経路制御が影響を受ける．また，ドメイン内経路制御の結果，ドメイン内での境界ノード間の経路やその性能が変化することによって，ドメイン間経路制御が影響を受ける．

ネットワーク全体の状態を逐次把握することが可能であれば，集中型の最適制御によって，ドメイン間，ドメイン内の双方において性能が最大になる経路を構築できる可能性がある．しかし，前述のとおり，大規模で変動の大きいネットワークにおける集中型制御は現実的ではない．

例えば，100ドメインからなる大規模ネットワークで，ドメイン当りノード数を100とし，ドメイン内ノード対，ドメインノード対のそれぞれが3本ずつの経路候補をもつマルチパス経路制御を考える．ノード対は $100 \times (100 \times 99) + 100 \times 99 =$

999 900 であるため，総当りによる最適解の導出には $3^{999\,900}$ の組合せを調べる必要がある．すなわち現実には計算不可能である．

ゆらぎ制御にもとづく経路制御

ゆらぎ制御にもとづく経路制御により，ドメイン $d \in D$ 内のノード $i \in N_d$ が同一ドメインのノード $j \in N_d$ に対する経路選択を次式にもとづいて実施することを考える．D, N_d はそれぞれドメインの集合とドメイン d 内のノードの集合である．

$$\frac{d\vec{x}_{d,i,j}}{dt} = f_l(\vec{x}_{d,i,j}) \cdot \alpha_{d,i,j} + \vec{\eta}_{d,i,j} \tag{4.14}$$

ここで，$\vec{x}_{d,i,j}$ はドメイン d におけるノード i からノード j への経路候補に関する状態値ベクトルであり，要素数は経路候補数に等しい．f_l はドメイン内経路制御における制御関数，また，$\alpha_{d,i,j}$ はアクティビティであり，ノード間遅延などの評価値から求められる．$\vec{\eta}_{d,i,j}$ はガウス雑音である．

一方，ドメイン間経路制御においては，ドメインノード $d \in D$ からドメインノード $e \in D$ への経路選択を次式にもとづいて実施する．

$$\frac{d\vec{x}_{d,e}}{dt} = f_u(\vec{x}_{d,e}) \cdot \alpha_{d,e} + \vec{\eta}_{d,e} \tag{4.15}$$

ここで，$\vec{x}_{d,e}$ はドメイン間ネットワークにおけるドメインノード d からドメインノード e への経路候補に関する状態値ベクトルであり，要素数は経路候補数に等しい．f_u はドメイン間経路制御における制御関数，また，$\alpha_{d,e}$ はアクティビティであり，ドメイン間遅延などの評価値から求められる．$\vec{\eta}_{d,e}$ はガウス雑音である．なお，制御関数 f_l, f_u は，それぞれの階層での制御内容に応じて定めるが，$f_l = f_u$ としてもよい．

それぞれのノード対における経路制御にとっては，同一階層，同一ネットワーク内の他のノード対の経路制御だけでなく，他階層の経路制御の振舞いも，環境に変動をもたらす一要因とみなせる．したがって，環境変動に適応的なゆらぎ制御によって，ネットワークシステム全体として適切な経路制御の達成が期待できる．

しかし，999 900 のノード対による自律分散的な経路制御の結果として，全体最適な解が達成されるためには，長期にわたるランダム探索が必要となる．また，品質の悪い局所解に陥ったまま安定してしまう可能性も高い．

階層間の相互作用

そこで，ゆらぎ制御に階層間の積極的な相互作用を導入することにより，大規模で複雑な問題を自律分散的かつ効率的に解くことを考える．ゆらぎ制御における階層間相互作用については，さまざまな実現方法が考えられる．ここで，簡単化のため，上位層の制御式を

$$\frac{d\vec{x}_u}{dt} = f_u(\vec{x}_u) \cdot \alpha_u + \vec{\eta}_u$$

下位層の制御式を

$$\frac{d\vec{x}_l}{dt} = f_l(\vec{x}_l) \cdot \alpha_l + \vec{\eta}_l$$

と表記する．

① $\dfrac{d\vec{x}_u}{dt} = f_u(\vec{x}_u, \vec{x}_l) \cdot \alpha_u + \vec{\eta}_u, \quad \dfrac{d\vec{x}_l}{dt} = f_l(\vec{x}_l, \vec{x}_u) \cdot \alpha_l + \vec{\eta}_l$ (4.16)

② $\dfrac{d\vec{x}_u}{dt} = f_u(\vec{x}_u) \cdot g_u(\alpha_u, \alpha_l) + \vec{\eta}_u, \quad \dfrac{d\vec{x}_l}{dt} = f_l(\vec{x}_l) \cdot g_l(\alpha_l, \alpha_u) + \vec{\eta}_l$

(4.17)

①では，階層間で状態値ベクトルを共有し，制御関数 f_u, f_l を拡張することで，両階層の状態にもとづいたアトラクタの構造を定義する．これにより，両階層の状態を考慮した制御が可能となるが，解空間の次元が高くなり，自由度が上がるため，解の探索に要する時間が増加し，また，収束解の最適性が低下するおそれがある．

一方，②では，階層間でアクティビティを共有し，両階層のアクティビティを考慮した制御を行う．関数 g_u, g_l としては，重み付き和 $w\alpha_u + (1-w)\alpha_l$ ($0 < w < 1$)，平均 $(\alpha_u + \alpha_l)/2$，最小値 $\min(\alpha_u, \alpha_l)$，最大値 $\max(\alpha_u, \alpha_l)$，積 $\alpha_u \times \alpha_l$ など，制御目的に応じてさまざまなものが考えられる．これらの拡

張により，各階層では，両階層のアクティビティがともに高くなるような解を探索することとなる．

なお，いずれにおいても両階層が互いに制御パラメータを共有する例を示しているが，制御の目的や，階層間の関係によっては

$$\frac{d\vec{x}_u}{dt} = f_u(\vec{x}_u, \vec{x}_l) \cdot \alpha_u + \vec{\eta}_u, \quad \frac{d\vec{x}_l}{dt} = f_l(\vec{x}_l) \cdot \alpha_l + \vec{\eta}_l$$

の組合せのように，一方向の共有も考えられる．

ただし，このような制御を実現するためには，階層間でアクティビティをやりとりするしくみが必要である．図4.15においては，ドメインとドメインノードが対応しているため，ドメイン内の各ノードにおける経路制御にドメインノードのアクティビティを，また，ドメインノードにおける経路制御にドメイン内のアクティビティを導入することとなる．

ドメイン内ノードで利用する上位層アクティビティ α_u としては，対応するドメインノードにおけるアクティビティの平均値 $\sum_{e \in D-\{d\}} \alpha_{d,e}/(|D|-1)$ などが考えられ，これをドメイン間経路制御の周期ごとにドメインノードで計算し，ドメイン内の全ノードに通知することとなる．

一方，ドメインノードで利用する下位層アクティビティ α_l としては，対応するドメイン内におけるアクティビティの平均値 $\sum_{i \in N_d} \sum_{j \in N_d - \{i\}} \alpha_{d,i,j}/\{|N_d|(|N_d|-1)\}$ などが考えられ，これをドメイン間経路制御の周期ごとにドメイン内あるいはドメインノードで計算することとなる．

これらの情報の収集，拡散のオーバヘッドを考慮すると，ドメイン内経路制御の制御周期に対してドメイン間経路制御の制御周期は十分に大きいことが望ましい．これは，階層化されたネットワークにおいて上位層制御が下位層制御よりも緩やかに動作することによって制御全体の安定性が高くなるという，階層間の制御時間オーダの関係と一致している．

このようなゆらぎ制御による制御パラメータの共有は，ほかにも，直接的あるいは間接的な相互作用のある複数の制御間の協調のしくみとして有効である．

図 4.16 では，ネットワーク仮想化技術によってドメイン間ネットワーク上に複数の多重化された仮想ネットワークが構築されている例を示す．それぞれの仮想ネットワークはほかの仮想ネットワークと無関係にそれぞれの性能指標の最大化を目指した自律制御を行っているが，物理的なネットワーク資源を共有し，競合している．この場合，仮想ネットワーク i における制御式を

$$\frac{dx_i}{dt} = f(x_i) \cdot \alpha_i + \eta_i \quad (1 \leq i \leq N)$$

とおくと

$$\frac{dx_i}{dt} = f(x_i) \cdot \frac{\sum_{1 \leq j \leq N} \alpha_j}{N} + \eta_i, \quad \frac{dx_i}{dt} = f(x_i) \cdot \min_{1 \leq j \leq N} \alpha_j + \eta_i$$

あるいは

$$\frac{dx_i}{dt} = f(x_i) \cdot \prod_{1 \leq j \leq N} \alpha_j + \eta_i$$

のような組合せ方が考えられる．なお，N は仮想ネットワーク数であり，仮想ネットワークの集合 V に対して $N = |V|$ である．

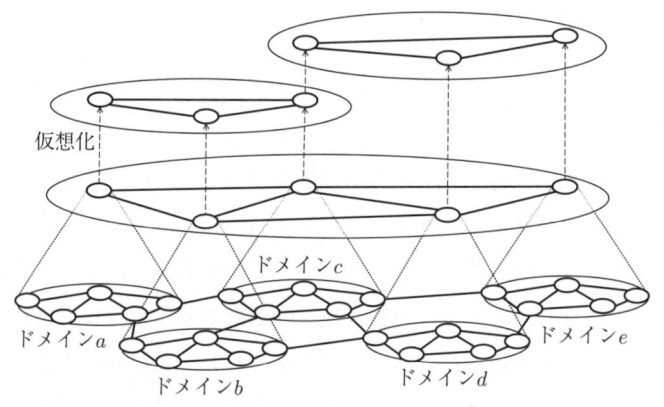

図 4.16 多重化された仮想ネットワーク

また，仮想ネットワークの自律性を重視した制御を実現するためには

$$\frac{dx_i}{dt} = f(x_i) \cdot \alpha_i \cdot \frac{\sum_{j \in V - \{j\}} \alpha_j}{N} + \eta_i$$

$$\frac{dx_i}{dt} = f(x_i) \cdot \alpha_i \cdot \min_{j \in V-\{i\}} \alpha_j + \eta_i$$

が効果的である．

ここで，アクティビティ共有の効果を検証する簡単な評価実験を行う．$m=3$ の選択肢をもつ $N=5$ の個体が前節の制御式によってゆらぎ制御を行っているとする．アクティビティの算出には式 (4.9) を用いる．

$m^n = 3^5$ 通りの選択肢の組合せ $(c_1, c_2, c_3, c_4, c_5)$ $(1 \leq i \leq 5, 1 \leq c_i \leq 3)$ について，それぞれの個体 $(1 \leq i \leq N)$ における評価値 $b_i(c_1, c_2, c_3, c_4, c_5)$ を $0 \sim 1$ の一様分布乱数で定める．なお，評価値の和が最小の組合せを最適解とする．

ある個体の選択に変化がない場合でも，ほかの個体が選択肢を変更すると評価値が変わるため，評価値を介した相互作用がある設定となっている．例えば，組合せ $(c_1, c_2, c_3, c_4, c_5)$ の評価値に対して，個体 2 の選択肢が $c_2' \neq c_2$ である組合せ $(c_1, c_2', c_3, c_4, c_5)$ の個体 1 における評価値は異なり次式となる．

$$b_1(c_1, c_2, c_3, c_4, c_5) \neq b_1(c_1, c_2', c_3, c_4, c_5)$$

初期状態として，アクティビティ α_i を 0，個体における選択肢 j の状態値 $x_{i,j}$ を $0 \sim 1$ の一様分布乱数で与え，全ての個体のアクティビティが 1 になるか 10 000 ステップに達するまで数値解析を行う．この試行を 1 000 回実施した結果として得られる，最適解への収束率と，最適解の収束解に対する比で与えられる収束解の平均最適性にもとづいて評価したゆらぎ制御における相互作用の効果を図 **4.17** に示す．

図中，independent は五つの個体がそれぞれ独立してゆらぎ制御による選択を行った場合である．

また，average は上記の

$$\frac{dx_i}{dt} = f(x_i) \cdot \alpha_i \cdot \frac{\sum_{j \in V-\{i\}} \alpha_j}{N} + \eta_i$$

min は

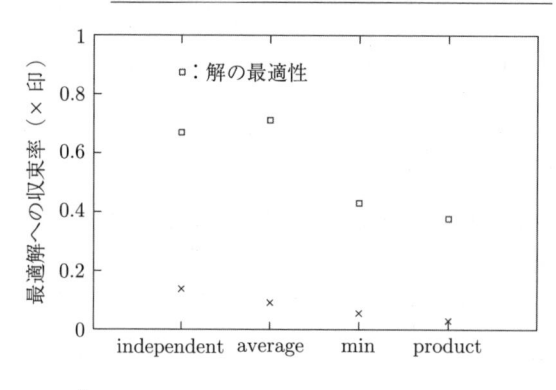

図**4.17** ランダムな解空間におけるゆらぎ制御における相互作用の効果

$$\frac{dx_i}{dt} = f(x_i) \cdot \alpha_i \cdot \min_{j \in V-\{i\}} \alpha_j + \eta_i$$

product は

$$\frac{dx_i}{dt} = f(x_i) \cdot \alpha_i \cdot \prod_{1 \leq j \leq N} \alpha_j + \eta_i$$

にそれぞれ対応している．図より，いずれも最適解への収束率が低いことがわかる．これは，ランダムな解空間におけるランダムウォークによる探索が局所解に陥りやすいためと考えられる．

そこで，解空間に構造を持たせる．ある組合せ，例えば $(c_1, c_2, c_3, c_4, c_5) = (1,1,1,1,1)$ の評価値を 0～1 の一様分布乱数で設定し，これを最適解とする．次に，最適な組合せとハミング距離が 1 の組合せについて，最適解の評価値に 0～1 の一様分布乱数を加える．更に，残りの組合せについて，最適解の評価値に 0～1 の一様分布乱数を 2 回加える．

図**4.18** に解空間に構造をもたせた場合の相互作用の効果を示す．いずれの方式においても収束性，最適性の双方が高くなっていることがわかる．また，ゆらぎ制御間協調のない independent と比べて，average, min, product の性能が高い．したがって，解空間に構造のある場合には，ゆらぎ制御，更にはゆらぎ制御間協調によって最適に近い解が発見できることがわかる．

実際の経路制御においても，良い解が解空間に離散的に点在しているのではなく，良い経路の組合せが互いに似通っていることが確認されている．したがって，トラヒック変動が軽微な場合にも，完全なランダムサーチによって解探索

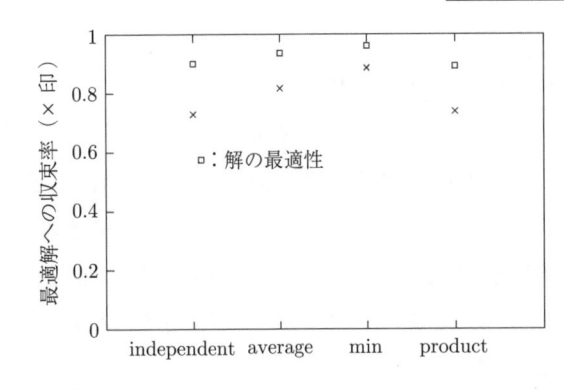

図 4.18 構造のある解空間におけるゆらぎ制御における相互作用の効果

を一からやり直すのではなく，小さなゆらぎで適応するのが効果的である．そのため

$$\frac{dx}{st} = f(x) \cdot \alpha + (1-\alpha)\eta$$

のようにアクティビティによってノイズ項の効果を更にバイアスする手法も有効である．

ゆらぎ制御にもとづく無線センサネットワーク制御

次に，図 4.19 に示す**無線センサネットワークにおける機能的階層**を題材に，ゆらぎ制御の機能的な階層間相互作用の効果について論じる．電池駆動の無線センサノードで構成された無線センサネットワークにおいては，スリープ制御，

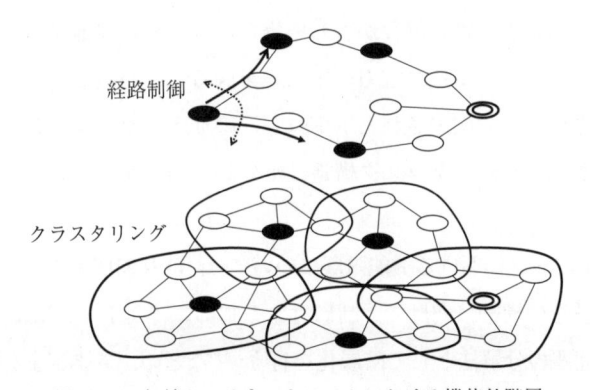

図 4.19 無線センサネットワークにおける機能的階層

送信電力制御，クラスタリング，経路制御などさまざまな制御技術を組み合わせることでシステムの省エネルギー化，長寿命化を図る．

互いに通信範囲にあるセンサノードの間にリンクが存在すると考えると，ネットワークトポロジーは，スリープ制御と送信電力制御によって決定される．更に，クラスタリングによってクラスタヘッドと呼ばれる代表ノードが隣接ノード間で選出され，クラスタが構成される．クラスタヘッドは隣接ノードからセンサデータを収集し，クラスタヘッド間経路制御によって収集点であるシンクノードへとセンサデータを転送する．

経路制御の前提となるネットワークトポロジーは，スリープ制御，送信電力制御，クラスタリングのそれぞれの制御の結果として生まれるものである．したがって，無線センサネットワークの制御は，機能的にも構造的にも階層化されていると考えられる．

したがって，先の例と同様に，機能ごとに実施するゆらぎ制御の間で制御パラメータを共有することで，相互作用，依存関係のある機能間で協調的な自律制御が実現可能と考えられる．

ただし，クラスタリングにおける主たる制御目標がセンサノード間での電力消費の分散化であるのに対し，経路制御では，遅延やパケット配送率など通信品質の最大化を目指している．そのため，機能間で，アクティビティの定義や評価値の依存する時間オーダが異なることに注意が必要である．

例えば，通信による電力消費が著しい場合には，短い制御周期でこまめにクラスタ構造を切り替えて残余電力の平均化を図ることが望ましい．一方で，クラスタリングによって決定されたトポロジーのうえでゆらぎ制御による経路の探索が実施されるため，クラスタ構造は十分長い期間安定していることが望ましい．

情報ネットワークにおける機能階層については，OSI 参照モデルに依存しない新しい階層構造の構築に向けて，制御対象や制御の時間オーダによる階層化[12]や，最適化問題の分解法として階層化を行う[13]などの，さまざまな検討，取組みがなされている．

また，センサノードはメモリ容量が小さく CPU 能力が低いことから，OSI 参照モデルの高コストな実装を回避するとともに，複数の階層間の積極的な機能統合によって制御の最適化を図るクロスレイヤアーキテクチャが多用されるようになってきている．

一般的な経路制御においては，ホップ数や，遅延やパケットロス率などのパケットレベルの通信品質が次ホップノードの選出の指標に用いられる．しかし，無線センサネットワークでは，受信電波強度や電池残量など，物理的な通信特性やデバイスの状態などを指標として用いることで，高信頼，省電力な通信が達成できることが実証されており，階層をまたがったクロスレイヤ型の最適制御が行われている[14]．

章 末 問 題

【1】 ゆらぎ制御の利点と欠点を，例を挙げて論ぜよ．
【2】 全体最適化により仮想トポロジーを算出する方式について，計算時間を計測せよ．計算時間は GPLK あるいは CPLEX を用いて計算すればよい．10～50 ノード程度の物理基盤ネットワークの計算時間を計測し，決定しなければならない変数の数に対する計算時間を図示し，100 ノード規模の計算時間を外挿により算出せよ．
【3】 トラヒック需要が変動する要因として考えられるものを，変動の時間オーダごとに区分して列挙せよ．
【4】 トラヒック需要を計測する手段を調査し，まとめよ．
【5】 仮想トポロジーの品質指標として，最大リンク利用率以外にどのようなものが考えられるか．一つ挙げて，その品質指標を用いる妥当性について仮想トポロジーの管理者の立場から論ぜよ．
【6】 構造的な階層をなしている情報ネットワークにおける制御を一つ挙げ，階層間相互作用のあるゆらぎ制御を設計せよ．
【7】 機能的な階層をなしている情報ネットワーク制御の組合せを一つ挙げ，階層間相互作用のあるゆらぎ制御を設計せよ．

第5章
生体ネットワークと情報ネットワーク

　本章では，情報ネットワークと生体ネットワークの構造的な類似点，相違点を論じる．結論を先にいえば，情報ネットワークと生体ネットワークの次数分布が，べき分布に従うという共通の性質を有している．その一方で，現在我々が利用している情報ネットワークは，工学的に最適化されたネットワーク構造を有しているものの，生体ネットワークは一見「無駄」なネットワーク構造を有している．
　本章では，生体ネットワークは一見「無駄」なネットワーク構造がネットワークの信頼性に寄与していることを述べ，次に情報ネットワークにおいても生命システムに学ぶことで，情報ネットワークの信頼性向上につながる可能性があることを示していく．これに先立ち，まず情報ネットワークがどのような構造的特徴を有するかをいくつかの構造分析手法の説明とともに述べていく．

5.1 情報ネットワークの構造的特徴

　我々がインターネットを利用する際，一定の対価をインターネットサービスプロバイダ (Internet Service Provider：ISP) に支払ってインターネットと接続している．ISP は，我々利用者と接続するための接続拠点を有し，自社で構築するバックボーンネットワークを介して接続拠点間でデータを交換する．また，当然のことながら，ISP はグローバルなインターネット接続を利用者に提供するため，自社以外の ISP とのデータ交換も行う．そのために ISP どうしを接続するネットワークが構築されている．
　以降では，前者の ISP が構築する自社ネットワークを **ISP レベルトポロジー**と呼ぶ．また，後者の ISP どうしを接続するネットワークでは，**AS** (Autonomous

System) レベルトポロジーと呼ぶ.

ISP レベルトポロジー

ISP レベルトポロジーは，原則として ISP 自身が構築するトポロジーであり，コスト最小化，信頼性の向上，ISP 独自の**最適化ポリシー**によって構築されるものである．例えば，利用品質向上を目的として機器故障時の迂回路が常に確保されるようにネットワークを構築する構築指針や，ネットワーク維持コストの最小化を目的として冗長性を排除したネットワークを構築する構築指針の適用が考えられる．

では，実際の ISP のバックボーンネットワークはどのように構築されているのだろうか．残念ながら，ISP は自社のネットワーク構成を公開していない．そこで N. Spring らは，traceroute コマンドを利用してルータの接続関係を調べ，その接続関係にもとづいて ISP レベルトポロジーを推測している[1]．

traceroute コマンドは，コマンドを実行するホストから指定された IP アドレスにパケットが到達するまでに経由するルータなどの IP アドレスを表示するコマンドである．このコマンドを利用し，測定対象とする ISP が有するルータの接続関係を調べている．

Spring らは，AS 番号 1239 (米国 Sprint 社)，AS 番号 7018 (米国 AT&T 社) を含む 10 AS の ISP レベルトポロジーを計測している．彼らが取得したデータを用いて，ISP レベルトポロジーの様相を見てみよう．**図 5.1** は，米国の通信大手 Sprint 社のトポロジーデータ (467 ノード，1 280 リンク) を用いてルータ間の接続関係を図示したものである．

なお，Sprint 社のトポロジーデータには，ノードの都市情報が含まれている．図を作成するにあたっては，ノードの都市情報にもとづいてノードの位置を定め，同一都市に複数のノードが存在する場合には，ノードが重ならないよう手作業で位置を変更している．

図において，都市レベルの接続性を見ると，規則性がないように思える．しかし，拡大図で示した都市内の接続性を見ると，ISP レベルトポロジーの規則

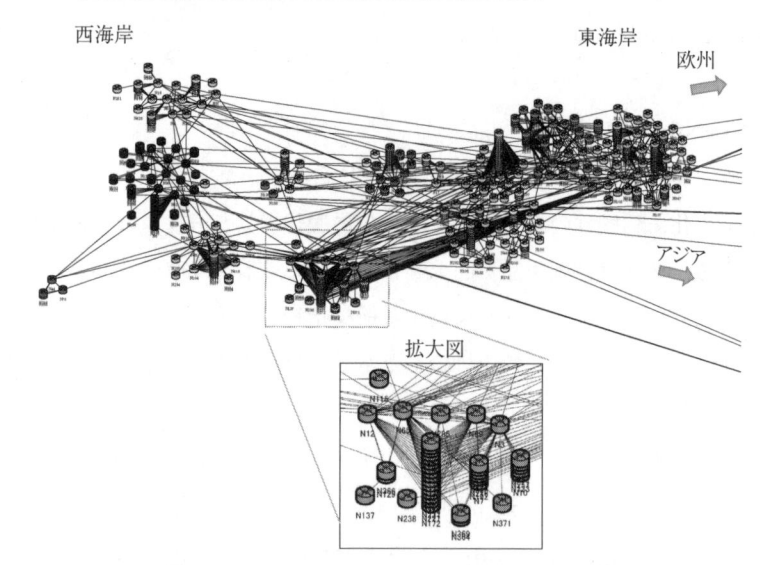

106   5. 生体ネットワークと情報ネットワーク

西海岸　　　　　　　　　　東海岸　　欧州

　　　　　　　　　　　　　　　　　アジア

拡大図

図 **5.1**　ISP レベルトポロジー（米国 Sprint 社）

性が観察される．具体的には，ある都市には，都市間接続に用いられるバックボーンルータがいくつか用意されており，都市内のルータは，それぞれのバックボーンルータと接続していることがわかる．

このような接続構成をとると，バックボーンルータが故障しても別経路でデータを交換することが可能となる．したがって，ルータが故障したり，リンクが切れたりしたときにも通信可能な比較的信頼性の高いトポロジーを構築しているといえよう．

Spring らは，米国，欧州，豪州で事業展開する 10 社の ISP のトポロジーを計測により求めていた．それでは国内の ISP のトポロジーはどのようになっているのだろうか．

筆者らは，国内の三つの ISP (以降，それぞれ ISP A, ISP B, ISP C と呼ぶ) を対象としたトポロジー計測を行った．計測期間は 2006 年 6 月〜2006 年 12 月であり，Spring らと同様に，traceroute コマンドを利用している．計測手順は，traceroute コマンドに ISP が有するルータの IP アドレスを指定し，経由するルータの IP アドレスの情報を得る．次に，その IP アドレスの情報をもと

に，同一のプレフィックスに属する IP アドレスを指定して再び traceroute コマンドを実行し，これを新たなルータが発見されなくなるまで繰り返すことによって，ISP レベルトポロジーを取得している．なお，ISP が有するルータであるか否かは，IP アドレスの逆引きによって DNS 情報を取得し，DNS 名に該当 ISP の名称が含まれるか否かで判定している．

計測により得られたトポロジーのノード数，リンク数を表 5.1 にまとめる．

表 5.1 国内 ISP の ISP レベルトポロジーのノード数，及びリンク数

	ノード数	リンク数
ISP A	514	958
ISP B	2 250	3 187
ISP C	1 883	3 304

また，トポロジーを可視化した結果が図 5.2 である．ここでのトポロジー可視化は，otter というツールを用いている[2]．また，ノードの位置は自動で決めており，実際のノードの設置位置とは無関係であり，したがって図中のリンクの長さは物理的距離に関係したものではない．

可視化した結果を見ると，国内の ISP レベルトポロジーでは，多くのルータと接続しているルータが存在していることがわかる．このようなルータやノードはハブノードと呼ばれている．

ネットワークを可視化することによって，ネットワークの大まかな「形」や性質を類推することは可能である．しかし，例えば国内外のネットワークにどのような類似点や相違点があるかを知り，何かの経験則を得ようとするときには，可視化されたグラフを眺めていても恐らく答えはでないであろう．したがって，目的に応じたネットワーク分析手法を適用してネットワークの定量的な性質を得たうえで，類似点や相違点を理解しなければならない．

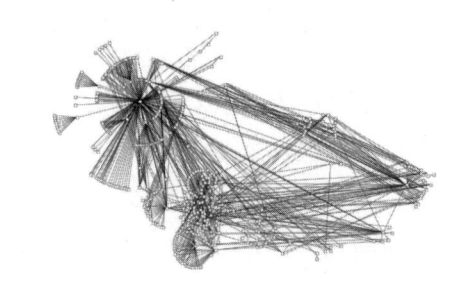

(a) ISP A

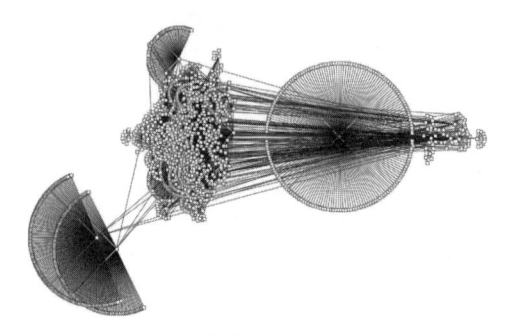

(b) ISP B

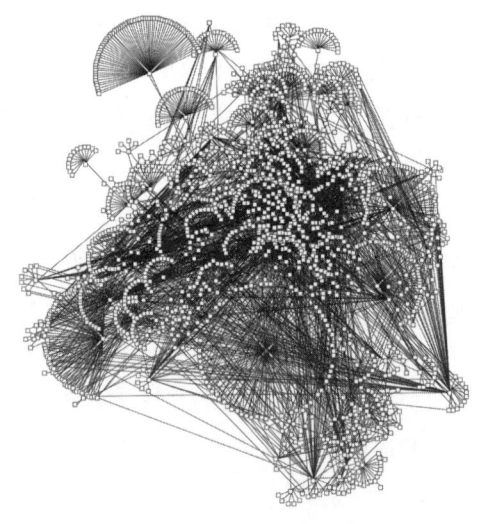

(c) ISP C

図 5.2 国内 ISP のトポロジー

次 数 分 布

例として，ネットワークに占めるハブノードの割合を比較したい場合を考える．もともとハブノードという言葉は，隣接ノード数の絶対的な基準をもって定義されるものではなく，ネットワークの他のノードと比較したときの相対的な基準によって定まるものである．そこで，隣接ノード数によってノードの性質を測り，その性質を比較してみよう．

あるネットワークグラフ $G(V, E)$ を考える．V はグラフの頂点集合であり，E はグラフのエッジ集合である．グラフの頂点数 $N\,(=|V|)$ に対して，$N \times N$ の行列 $\boldsymbol{A}$ を用意し，行列 $\boldsymbol{A}$ の要素である A_{ij} について，ノード番号 i とノード番号 j のノード間にエッジがあるときに 1 とし，エッジがないときに 0 とする．このように定義される行列 $\boldsymbol{A}$ は隣接行列 (adjacency matrix) と呼ばれる．ノード番号 i のノードの隣接ノード数 d_i は，隣接行列 $\boldsymbol{A}$ を用いて以下の式で定義される．

$$d_i = \sum_j A_{ij} \tag{5.1}$$

一般に，d_i はノード番号 i のノードの次数 (degree) と呼ばれている．次数は，厳密には出次数 $d_i^{out} = \sum_j A_{ij}$ と入次数 $d_i^{in} = \sum_j A_{ji}$ で区別されるものであるが，ネットワークグラフが無向グラフであるとき，すなわち，ノード番号 i のノードからノード番号 j のノードへのエッジとノード番号 j のノードからノード番号 i のノードへのエッジを区別しないときには，出次数 d_i^{out} と入次数 d_i^{in} は常に等しくなる．ISP レベルトポロジーではエッジの向きを区別しておらず，以降は次数 d_i のみを用いる．

可視化した四つのトポロジーについて，隣接行列を求めて次数 d_i を計算し，次数が k となるノードが発生する確率 $Pr(x = k)$ を求めた結果を図 **5.3** に示す．図の横軸は k であり，縦軸は $Pr(x = k)$ である．例えば，次数が 2 となる確率は，およそ 0.1～0.3 となっているが，これはネットワークを構成するノードの 1～3 割のノードの次数が 2 であることを意味している．また，縦軸の値が $1/N$ (米国 Sprint 社の場合，1/467=約 0.002) となる点は，その x 軸の値

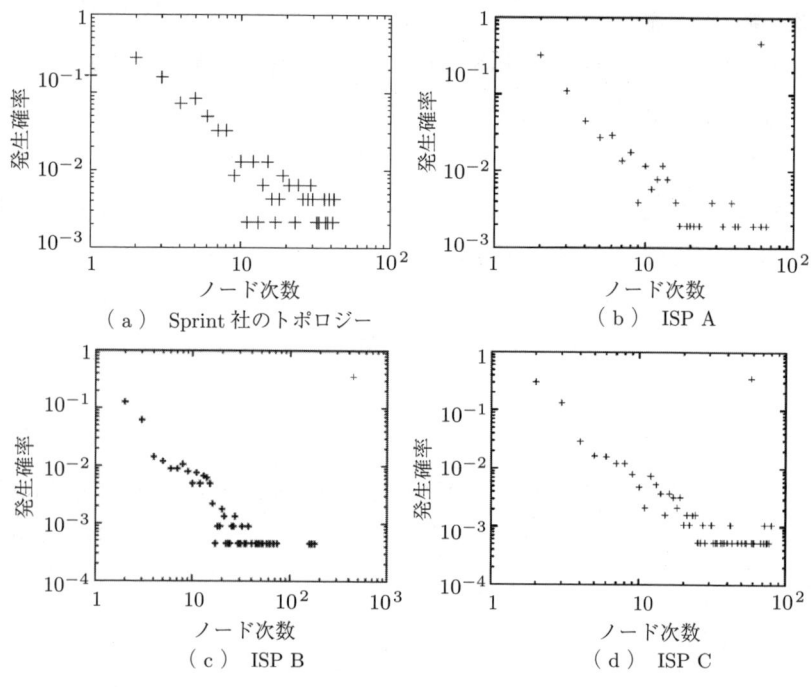

図 5.3 ISP レベルトポロジーの次数分布

を次数とするノード数が 1 であることを意味している．

この図を見比べると，ISP レベルトポロジーでは，国内外を問わず，次数の大きなノードが一定の確率で発生しており，発生確率はグラフ上で右肩下がりとなっていることがわかる．両軸が対数であることに注意を払うと，右肩下がりの性質は，$Pr(x=k)$ が $k^{-\gamma}$ で近似できることを意味している（γ は定数）．次数 k の発生確率 $Pr(x=k)$ が $k^{-\gamma}$ によって近似できるとき，ネットワークの次数分布がべき乗則 (power–law) に従う性質を持つ．

さて，本来の命題であったネットワークに占めるハブノードの割合を比較はどうすればよいのだろうか．図 5.3 は，$Pr(x=k)$ を求めていたが，ハブノードの割合を見たい場合は，$Pr(x>k)$ を求めてグラフに描けばよい．そのうえで，ハブノードを例えば次数 50 以上のノードと定義し，グラフから読み取ればよい．$Pr(x>k)$ のグラフはここでは図示していないが，ISP A，ISP B の場

合は約 0.05%,ISP C では約 1% となっている.

上で見た四つの ISP レベルトポロジーは,次数分布がべき乗則に従うという共通の性質を有していた.実は,次数分布がべき乗則に従う性質は,ISP レベルトポロジーだけではなく,生体ネットワークや後述する AS レベルトポロジーにおいても観察されることが知られている.なぜこのような性質が現れるのかを理解することを目的として,次数分布がべき乗則に従うトポロジーの生成方法がいくつか提案されている.

BA モデル

次数分布がべき乗則に従うネットワークを生成するモデルとしてよく知られているのが **BA**(Barabasi Albert)モデルである.BA モデルは,①ノードを段階的に追加していくこと,②ノード追加の際に既存のトポロジーのノードの次数に応じて確率的に接続することの二つの規則にもとづいて,ノード及びリンクを追加するトポロジー生成手法である.ノード数 N,リンク数 $m \cdot N$ を有するトポロジーを生成する具体的な手順は以下のとおりである.

BA モデルによるトポロジー生成

Step.1 初期ノードとして m_0 ($\geq m$) 個のノードを配置する.

Step.2 ネットワークのノード数が N 未満である場合,Step.3 へ.ノード数が N であればトポロジー生成を終了する.

Step.3 ノードを 1 個追加する.Step.4 へ.

Step.4 追加したノードに対する接続先ノードを m 個選択する.接続先ノード i が選ばれる確率を,$d_i / \sum_j d_j$ とし,相異なる m 個のノードを選択し,接続する.Step.2 へ.

$N = 100$,$m = 2$ とし,BA モデルで生成したトポロジーの例が図 **5.4** であり,次数分布が図 **5.5** である.図 5.4 では,追加された順にノード内に数字を付与しており,ノード内の数字が小さいノードの次数が大きくハブノードとなっていることがわかる.また,図 5.5 は生成されたトポロジーの次数分布がべき

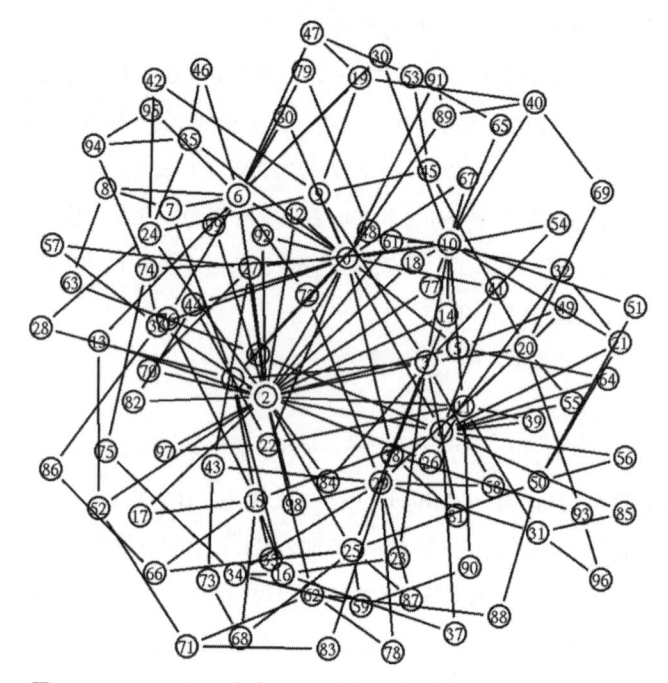

図 5.4 BA モデルで生成したトポロジーの例（$N = 100, m = 2$）

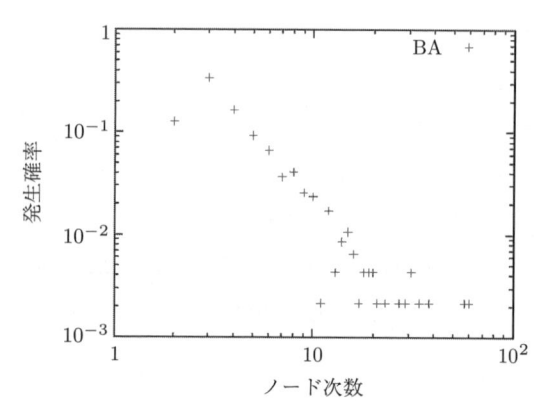

図 5.5 BA モデルで生成したトポロジーの次数分布

乗則に従う性質を有することがわかる．

　上述の生成手順 BA モデルでは，ノード間の物理的距離を無視し，次数の情報のみを用いて確率的にリンクを追加している．一方，ISP レベルトポロジーを構築・管理する ISP は，確率的にリンクを追加するのではなく，何らかの構

築指針にもとづいて最適化を図っているものと考えられることから,ISP レベルトポロジーの次数分布がべき乗則に従う要因を説明しているとはいい難い.

FKP モデル

そこで A. Fabrikant らは,リンクの接続先を確率的に求めるのではなく,指標にもとづいて最適な接続先ノードを決定しトポロジーを生成する **FKP モデル**を考案している[3].FKP モデルは,リンクの接続先を確率的に選択する BA モデルと異なり,ノードの物理的な配置を考慮してリンクの接続先ノードを決定する.

FKP モデルにおいても,BA モデルと同様に初期トポロジーに対してノードを段階的に追加していくものの,新たに追加したノード(ノード i とする)の接続先ノード j をノード i からの物理距離 l_{ij},及び,ノード j からほかのノードへの論理距離 h_j の重み付き和を指標とし,重み付き和を最小にするノードを選択し,リンクを接続する.すなわち,以下の式を満たすノード k にリンクを接続する.

$$k \to \arg\min_j (\alpha \cdot l_{ij} + h_j) \tag{5.2}$$

Fabrikant らは,論理距離 h_j として,① ノード j とその他のノード間の平均ホップ数,② ノード j とその他のノード間の最大ホップ数,③ ノード j と初期ノード間のホップ数,のいずれを用いても,次数分布がべき乗則に従うトポロジーが生成されることを示している.

また,物理距離の重み α が大きい場合,追加ノードから物理的に近いノードに接続しやすくなり,次数分布がポアソン分布に従うトポロジーが生成され,物理距離の重み α が小さい場合には,スター型のトポロジーが生成されることも示されている.次数分布がべき乗則に従うトポロジーは,α を中程度の値に設定することで生成されることが示されている.

四つの ISP レベルトポロジーと,BA モデルや FKP モデルで生成したトポロジーの構造的な特徴を見ていこう.ネットワークの構造を見る最も簡単な指

標の一つが**クラスタ係数**であり，ノード i のクラスタ係数 $C_e(i)$ は

$$C_e(i) = \frac{2 \cdot E_i}{d_i(d_i - 1)} \tag{5.3}$$

で与えられる．ただし，d_i はノード i の次数であり，E_i はノード i の隣接ノード間のリンク数である．$C_e(i)$ の具体的な数値例を図 **5.6** に示す．ノード i のクラスタ係数 $C_e(i)$ は，ノード i の隣接ノード間にリンクが密に用意されているか否かを測る指標となっている．

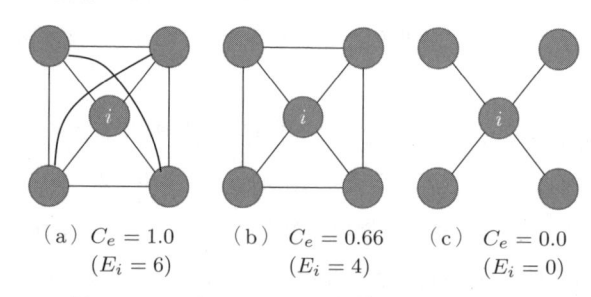

(a) $C_e = 1.0$ ($E_i = 6$)   (b) $C_e = 0.66$ ($E_i = 4$)   (c) $C_e = 0.0$ ($E_i = 0$)

図 5.6 ノード i のクラスタ係数の数値例：$d_i = 4$

図 **5.7** は，各 ISP レベルトポロジーのクラスタ係数 $C_e(i)$ を求めた結果であり，$C_e(i)$ の昇順に並べている．図を見ると，Sprint 社のクラスタ係数は国内 ISP A と比較して総じて高く，また，米国のそのほかのトポロジーと比較しても高いことがわかる．可視化したトポロジー図（図 5.1）を再び見ると，バックボーンルータと接続している都市内ルータのクラスタ係数が高くなっている様

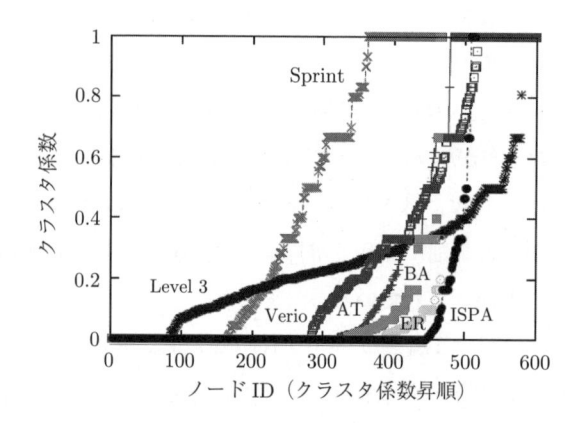

図 5.7 各トポロジーのノード i のクラスタ係数

子が伺える．

クラスタ係数はノード i と隣接するノード間の接続性を見るものであり，ノード i を起点とする「三角形」の出現割合を測るものである．R. Milo らは，「三角形」を含む，少数のノードから構成されるサブネットワークの接続構造が出現する割合をもって，ネットワークの特徴を抽出する**ネットワークモチーフ**の概念を提案している[4]．

概念上は少数のノードである必要はなく，任意のノード数の接続構造を対象とすることも可能であるが，ノード数が大きくなるとともに発生しうるサブネットワークの接続構造が増加し，また，出現割合の抽出に要する時間がかかることから，現実的には4ノード規模のサブネットワークの出現割合を見ることが多い．図 **5.8** では4ノードサブネットワークの組合せパターンを列挙しており，サブネットワークの出現頻度を各種トポロジーで求めた結果が図 **5.9** である．この図を見ると，ISP レベルトポロジーでは BA モデルで生成したトポロジーと比較して，フルメッシュ型やクラスタ重畳型のサブネットワークの出現頻度が多い特徴を有していることがわかる．

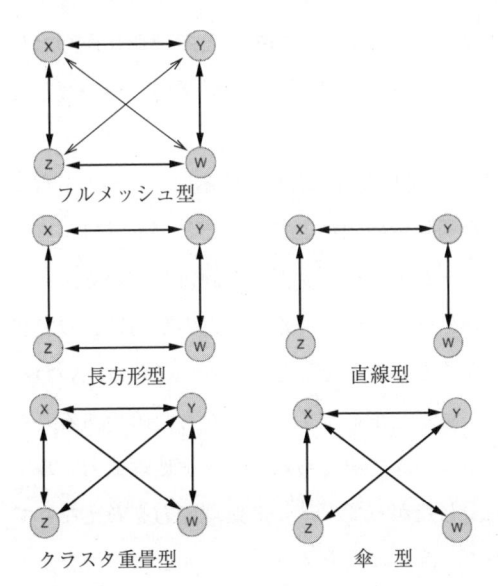

図 **5.8** ISP レベルトポロジーにおける4ノードサブネットワークの組合せパターン

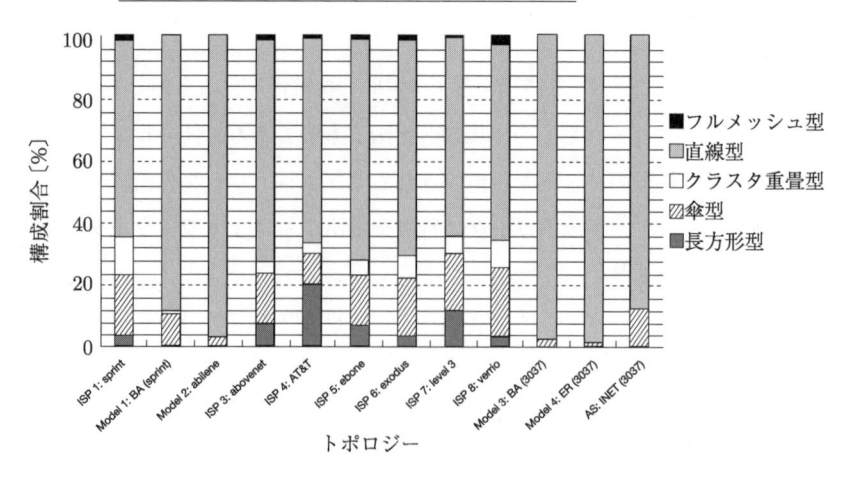

図 5.9 ISP レベルトポロジーにおける 4 ノードサブネットワークの出現頻度

このように，ISP レベルトポロジーと生成モデルを適用して得たトポロジーの特性は一般には異なるといわれている．ISP レベルトポロジは原則として ISP が構築するトポロジーであり，例えばコスト最小化，信頼性の向上など ISP 独自の最適化ポリシーによって設計されるものである．また，ネットワークを設計する際には，ルータの処理能力などさまざまな制約のもとで最適化が行われるものであり，それらが結果としてサブネットワークの接続構造の違いとして現れているのである．

実際に，L. Li らは，文献5) において同じ次数分布を有するいくつかのトポロジーを列挙し，ノードが処理可能な通信量の制約下でそれぞれのトポロジーに収容可能なトラヒック量（ネットワークスループット）を評価している．その結果，BA モデルで生成したトポロジーはノードの処理能力の制約によって収容可能なトラヒック量は極めて少なくなることを示している．これは，いわゆるハブノードに多くのトラヒックが集中しボトルネックとなるためである．もともと BA モデルでは，通信ネットワークで考えられるノード処理能力（ルータ処理能力）は考慮されていない．したがって，ノード処理能力を考えなくてもよいような論理的なネットワーク，例えば人をノードとし人と人のつながり

をリンクとするような人的ネットワークなどではよく使われるが，通信ネットワークの特徴を適切に表しているとはいい難い．

次 数 相 関

Li らは BA モデルを通信ネットワークのモデルに用いる危険性を指摘しつつ，ノードの次数分布がべき乗則に従いつつも，通信ネットワークにおけるノード処理能力制約を考慮したトポロジーモデルを提示している．そこでは，実際の製品のルータではルータの処理能力に上限があるため，次数の大きいノードには細い回線が連結される点に着目している．次数の大きいノードは回線が細く通信ネットワークの末端に配置され，また通信ネットワークのコアとなるノードの次数は大きくない（〜16 程度）ことを述べている．

BA モデルは次数が大きいノードはネットワークの「コア」ノード（ホップ間距離を見たときの中央であり，他ノードに達するホップ間距離が最小となるノード），Li らが提示したモデルとは特性が大きく異なっている．

BA モデルの特性と Li らが提示したモデルの特性の違いは，高次数のノードと高次数のノードの連結性を見ることで明確となる．具体的には，トポロジーのエッジ集合 E の要素について，エッジの両端となるノード次数の積

$$s(G) = \sum_{(i,j) \in E} d_i \cdot d_j \tag{5.4}$$

を見る．$s(G)$ は，**次数相関**，あるいは，degree–degree correlation と呼ばれる．トポロジーにおいて，高次数のノードと高次数のノードが接続されていると $s(G)$ の値は大きくなる．次数分布が同一であるという前提のもと，$s(G)$ が最小となるトポロジーの次数相関を s_{min}，$s(G)$ が最大となるトポロジーの次数相関 s_{max} と表す．そのうえで

$$\frac{s(G) - s_{min}}{s_{max} - s_{min}} \tag{5.5}$$

により与えられる数値を正規化済み次数相関 $s_n(G)$ と呼ぶ．$s_n(G)$ が 1 であるとき，次数分布が同じである制約下での次数相関の上限値となり，また，$s_n(G)$ が 0 であるときは次数分布が同じである制約下での次数相関の下限値となる．

BA モデルで生成したトポロジーの $s_n(G)$ は 0.46，ISP レベルトポロジーでは 0.03〜0.07 程度となることが示されている[5]．

次数相関によりトポロジーの構造的特徴を見る Li らの方法を発展させ，次数に関する高次の類似性を見る手法が P. Mahadevan らによって示されている[6]．そこでは，トポロジーの類似性を見る手法だけではなく，あるトポロジーを事前に用意し，その用意したトポロジーと類似したトポロジーを生成する手法も提示されている．後者については，もともとネットワークの制御手法などを評価するにあたってさまざまなトポロジーを試みるために用いられるものであり，本書では扱わない．

トポロジーの類似性を見る手法は **dK–analysis** と呼ばれている．ここで d は，次数に関する特徴を見る粒度を定めるパラメータである．基本的な考え方としては，d が 0 の場合は平均次数を見てトポロジーの類似性を判断し，d が 1 の場合は次数分布を，d が 2 の場合は次数相関の分布の類似性をもってトポロジーの類似性を判断するものである．

すなわち，パラメータ d は類似性を見るために用いるノード組合せを表現している．d の数字が大きくなればなるほど，類似性を判断するノードの組合せの数が増大し，計算時間も爆発的に増大する．現実的な計算性能をもつ汎用コンピュータを用いると d が 3 までしか分析できないようである．なお，文献6) では，d を 3 とすることで，ISP レベルトポロジーの構造的特徴が比較できるとしている．

AS レベルトポロジー

ここまでは，ISP が構築する自社のネットワークの構造的特徴を見てきた．ここからは，ISP どうしをつなげる **AS レベルトポロジー**の構造的特徴を見ていく．

AS レベルトポロジーが ISP レベルトポロジーと大きく異なる点として，AS レベルトポロジー全体を管理する管理者は不在であることが挙げられる．ISP 自身は，どの ISP (AS) と接続するかを選択しているが，その接続は 2 社の合意によってなされるものであり，AS レベルトポロジーの全体を把握して最適な

ISP と選択しているわけではない．個々の ISP は自律的に判断しネットワークを構築することによって出来上がる AS レベルトポロジーは，どのような構造的特徴を有するのだろうか．C. Faloutsos らの研究グループは，AS 間で交換するパケットの経路を決定する BGP (Border Gateway Protocol) の経路情報から AS レベルトポロジーを算出し，その AS レベルトポロジーの次数分布がべき乗則に従うことを明らかにした[7),8)]．

また，T. Bu らは BA モデルの生成手順をベースとし，ノード i への接続確率を $(d_i - \beta)/\sum_j (d_j - \beta)$（ただし β は $[-\infty, 1]$ のパラメータ）に変更し，β を 0.6447 とすることで，AS レベルトポロジーの次数分布，平均パス長，クラスタ係数に関して類似したトポロジーが生成されることを示した[9)]．AS レベルトポロジーは，BA モデルと比較して，ハブノードにより多くのリンクが接続されていることが知られており，この性質を $\beta = 0.6447$ とすることによって再現している．

インターネットは，AS (Autonomous System) と AS どうしをつなぐリンクによって構成されており，多数の AS の相互接続による大規模かつ複雑なグラフを形成している．AS は，通信事業者や研究組織，コンテンツプロバイダが保有・運用する自律したネットワークである．AS レベルトポロジーに含まれるリンクには，そのリンクの両端の AS で交わされる契約の種別により，ピアリングリンクとトランジットリンクの 2 種類が存在する．

ピアリングリンクは，リンクに隣接する AS 間で，任意の AS 宛てのトラヒックを無償で転送するリンクであり，同等のネットワーク規模を持つ AS の間に構築される場合が多い．また，トランジットリンクは，ある AS がインターネット内の任意の AS にトラヒックを中継することを，相手側の AS に有償で委託する際に用いられるリンクである．

トラヒックの中継を委託する AS が相手側の AS に支払う料金はトランジット料と呼ばれ，一般にトラヒック量に応じて金額が決定される．各 AS は少ないコストで良好な通信を確保するために，同程度のトラヒックを処理している

AS とはピアリングリンクをつなぎ，そのほかの AS とはトランジットリンクをつなぐことによりネットワークの接続性を確保している．

AS レベルトポロジーでは，Tier–1 と呼ばれる少数の AS がほかの Tier–1 の AS とピアリングリンクをつないでおり，多くのトラヒックを処理している．また，Tier–2 と呼ばれる AS が Tier–1 の AS とトランジットリンクをつなぎ，更に Tier–2 の AS がほかの AS とトランジットリンクをつなぐことで，AS レベルトポロジーは階層構造を有することが知られている（図 5.10）.

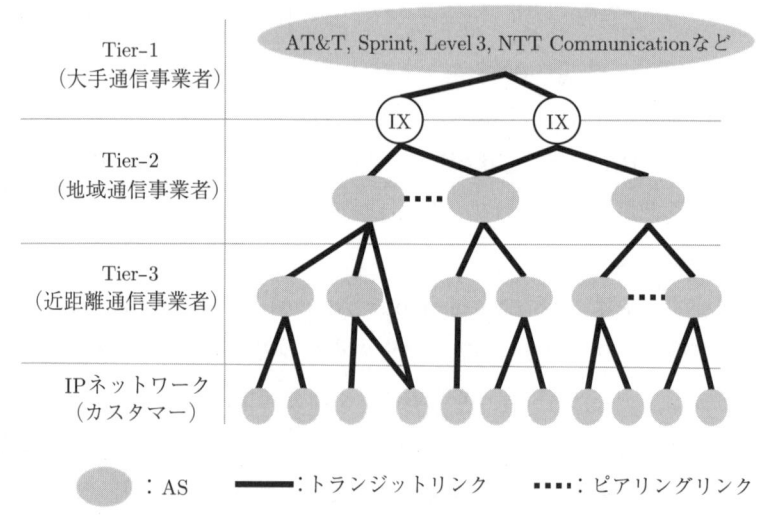

図 5.10 AS レベルの接続ネットワークに見られる階層構造

また近年，Hyper Giants と呼ばれる多量のトラヒックを送出するコンテンツプロバイダが台頭しており，Hyper Giants がほかの AS と多数のリンクを構築していること，並びに，Hyper Giants によって流されるトラヒック量がインターネット全体に流れるトラヒック量の約 30% を占めていることが報告されている[10]．

AS レベルトポロジーは 2012 年 12 月現在で AS の数が 42 009，リンク数が 93 470 本存在し，非常に大規模なネットワークとなっている．そのため，AS レベルトポロジーを視覚化しようとしても，トポロジーの構造的特徴を直観的

に捉えることはできない[11]．そのためこれまでさまざまなグラフメトリックを用いて，ASレベルトポロジーの構造的特徴について研究されてきた．先に述べたとおり，次数分布がべき乗則に従うことがC. Faloutsosらによって明らかとなり，また，ASに流れるトラヒックのノード媒介中心性（ノードに接続されているエッジのエッジ媒介中心性を足し合わせたもの）の分布もべき乗則に従うことが報告されている[12]．

しかし，ISPレベルトポロジーの例でも見たように，トポロジーのノードの数（ASの数）やリンクの数の違いだけでは，トポロジーの構造的特徴を捉えることはできない．特にASレベルトポロジーでは，ASが行うトラヒック集約，すなわち，どのISPからトラヒックを受け取り，どのISPにトラヒックを渡すかはトポロジーの構造と一体となって行われているものと予想されることから，トラヒック集約の観点からトポロジーの構造的特徴を分析し理解することが重要である．

では，ASレベルトポロジーにおいて行われているであるトラヒック集約は，どのような構造として現れるのであろうか．もともと，ASレベルトポロジーにおいては，事業規模に応じてTier–1, Tier–2, Tier–3といった階層構造をなしていると考えられてきた．「Tier–1」と呼ばれるISPを接続構造の頂点とし，「Tier–1」ISPに対してトラヒック転送の利用料であるトランジット料を支払う「Tier–2」ISPが接続され，更に「Tier–2」ISPにトランジット料を支払う「Tier–3」ISPが接続される階層構造をなしていると考えられている．Tier–1〜3のみを考えると，基本的にはTier–2のISPがTier–3のISPからのトラヒックを集約し，Tier–2からのトラヒックをTier–1に集約するという形がとられている．このようなトラヒック集約はどのように行われているのだろうか．それを見るために，ここではモジュールという観点からトポロジーを分析する．

モジュラリティ

モジュールとは，一般に多くのリンクにより密に連結したノード集合からなるノード集合であり，ここでいうノードはASのことである．モジュールは比

較的曖昧な基準であり，モジュールを構成するノードは絶対的な基準（例えば，モジュールを構成するノードの次数が5以上である，など）で定まるのではない．モジュールを構成するノード集合を定め，それらのノード間のリンク数と，モジュール間を接続するリンク数の比によって規定されるものである．

その比を定量的に表現する**モジュラリティ**と呼ばれる指標 $M(P)$ がある．$M(P)$ は，トポロジーを構成するノード集合の分割 P が与えられたとき，モジュール内の AS をつなぐリンクが密であり，異なるモジュール間をつなぐリンクが疎であるほど，高い値を示す指標であり

$$M(P) = \frac{1}{2m} \sum_{ij} \left[A_{ij} - \frac{d_i \cdot d_j}{2m} \right] \delta_{s_i s_j} \tag{5.6}$$

と定義される．ただし，m はトポロジーの総リンク数であり，また，s_i，s_j は分割 P のもとでノード i 及びノード j それぞれが所属するモジュールを表し，$\delta_{s_i s_j}$ は，s_i と s_j が同じモジュールである場合 1，異なるモジュールである場合 0 となる関数である．

モジュラリティ $M(P)$ の値は，モジュール内リンクが密で，モジュール間リンクが疎なグラフであるほど 1 に近づき，完全グラフやスター型グラフのようにリンクが一様に張られ，モジュールが存在しないグラフでは 0 となる．

分割 P をどのように与えるかは，モジュールで見るものが何かに依存する．例えば，ノードに名前が付与されているなどして，ノード集合自体に意味がある場合は，分割 P はおのずと定まる．AS レベルトポロジーの場合，AS には番号が付与されているが，それは番号であり意味をなさない．そもそも AS レベルトポロジーでは AS は独立したノードであるため，分割 P を与える明確な指針はない．

このような状況でよく使われるのが，モジュラリティ $M(P)$ を最大化するように分割 $P(= P^*)$ を与える方法である．すなわち，モジュールどうしをつなぐリンク（以降，モジュール間リンク）の数とモジュール内の AS 間をつなぐリンク（以降，モジュール内リンク）の数を考え，その比が最も高まるようにモジュールを定義する．

モジュラリティを最大化するようなモジュール分割 P^* を用いると，トラヒック集約がどのように行われているかを観察することができる．これは，多数のモジュール内リンクによって AS にトラヒックを集約し，少数のモジュール間リンクを介して集約したトラヒックを転送することに相当する．

AS レベルトポロジーに対して，モジュラリティを最大化するようなモジュール分割 P^* を与えると，トラヒック集約を行う AS の集合を取り出すことができる．そこで，分割後の一つのモジュール (P_1 と表す) に対して再びモジュラリティを最大化するようなモジュール分割 P_1^* を考える．

すなわち，分割 P^* 下でのおのおののモジュールは，小さなモジュールの連結によって構成されており，更にそれらの小さなモジュールもより小さいモジュールの連結により構成されていると考える．このように，モジュール分割を繰り返し適用することによって，より細粒度のモジュールがどのように構成されているかを導くことができる．

フロー階層

このようにして得られるモジュールの階層構造を，ここでは**フロー階層**と呼ぶことにしよう．フロー階層は，モジュールの階層構造を表すものであり，トラヒック集約の様子を表現した階層構造となっており，具体的には以下の手順で抽出することができる．まず，AS レベルトポロジーを複数のモジュールに分割する．分割されたモジュールを，更に複数のモジュールに分割する．これを繰り返すことで，フロー階層を得る．

モジュラリティ最大となるモジュールへの分割は，任意のものを使えばよく，例えば，Louvain 法と呼ばれる解法[13]や M. E. J. Newman らによる解法[14]などが知られている．AS レベルトポロジーを1回モジュール分割することで得られるモジュールの集合を，Containment Level 1 (以降，CL1 と略す) のモジュール群と呼び，CL1 のモジュールを更にモジュール分割して得られるモジュール群を CL2 のモジュール群と呼ぶ．各 CL がフロー階層の各階層に相当する．

フロー階層の抽出は，以下の方法によって行われる．

① ASレベルトポロジーをモジュールに分割し，CL1のモジュール群を生成する．
② CL1のモジュール群のうち，モジュラリティが0より大きいモジュールは更にモジュール分割し，CL2のモジュール群を生成する．
③ CL2以上の階層で②の手順を繰り返す．

フロー階層を用いてASレベルトポロジーを分析し，トラヒック集約がなされる様子を見てみよう．ただし，その前に，ASレベルトポロジーをどのように取得できるかを説明しておく．基本的に，ASどうしをつなげるネットワーク，すなわち，インターネットを管理しているものはおらず，全体像を正確に把握している機関は存在しない．そのため，観測可能な情報を用いてASレベルトポロジーの全体像を推定する手法が研究されている．

ASレベルトポロジーの接続関係を推定する手法としては，BGPテーブルに記載されたASパスからAS間の隣接関係を推定する手法がある．この手法は，あるISPが保有するゲートウェイルータのBGPテーブルを収集し，BGPテーブルのASパス情報からASレベルトポロジーを推定する手法である．

この方法によって，ASレベルトポロジーの大部分のASを観測することが可能であるが，BGPテーブルに保持されないリンクの観測が不可能となる課題もある．文献11)では，ピアリングリンクや，待機系として用意されているトランジットリンクのうち，40％以上が観測できないことも報告されている．

結局のところ，ASレベルトポロジー全体を管理する者が不在であるゆえ，正確なASレベルトポロジーを知ることは不可能である．そのため，欠損したASレベルトポロジーを用いて，知りたいことがわかるか否かが重要となる．

いまは，ASレベルトポロジーがどのようにトラヒックを集約しているかを見ようとしており，トラヒック集約は下位層にある複数のASのトラヒックがトランジットリンクを経由して上位層のASが受け取る際に行われる．したがって，BGPテーブルを用いてトポロジーを抽出し，トラヒック集約の観点からのネットワーク構造を見るにあたっては，欠損したASレベルトポロジーを用いても問題ないと考えられる．

5.1 情報ネットワークの構造的特徴

BGP パス情報は，RouteViews Project の route–views.routeviews.org サーバと RIPE NCC の rrc00.ripe.net サーバで収集されたものを用いている．これらのサーバは複数の ISP のゲートウェイルータが保持している BGP テーブルのデータを収集しており，稼働が開始された年は，それぞれ 1997 年と 1999 年である．

表 5.2 に，取得された BGP テーブルに含まれていた AS パス数と，生成した AS レベルトポロジーの AS 数，リンク数をまとめている．AS 間のリンクの種類がトランジットリンクかピアリングリンクかは公表されていない．そこで AS レベルトポロジーの分析のために，リンクの種類を推定する手法がいくつか提案されている[15)〜17)]．

表 5.2 AS パス数，AS 数，リンク数の経年変化

年月日	2000/6/15	2004/6/15	2008/6/15	2012/6/15
AS パス数	299 434	1 108 704	1 901 745	2 605 770
AS 数	8 162	18 015	29 320	42 009
リンク数	17 553	40 205	64 305	93 470

その中でも文献17) の手法は，99.1%の精度でリンクの種類を推定できると述べられているので，比較的精度が高いといえる．以降の数値例ではこの手法を適用してトランジットリンクとピアリングリンクを判別したものを用いる．

トラヒック集約の様子は，ある日時の BGP テーブルの情報をもとにした AS レベルトポロジーのみを用いても，明確にはわからない．時系列でどのように変化しているかを見ることが重要である．なお，AS レベルトポロジーの次数分布がべき乗則に従うことを明らかにした文献7)，8) では，ある日時の AS レベルトポロジーを対象としてネットワーク分析を試みているのに対し，AS レベルトポロジーの経年変化に着目し，AS の数やリンクの数，また AS 間の平均ホップ数が時間経過とともにどのように変化してきたかを分析している研究もいくつか存在する[11)]．

以降では，我々が取得可能であった過去 12 年間の AS レベルトポロジーのデータから，AS レベルトポロジーのフロー階層の構造やその経年変化を分析

5. 生体ネットワークと情報ネットワーク

することによって,トポロジーの大規模化に伴って構造がどのように変化するかを示していく.更に,AS レベルトポロジーにおいてトラヒックが集中する箇所の特定を行うため,各 AS に対して,AS の次数に基づくグラビティモデルにより通信需要を与え,その際の AS レベルトポロジーの各リンクに流れるトラヒック量を示す.

なお,**Tier–1** や **Hyper Giants** といった階層ごとに,トポロジーの構造的特徴を捉えるため,AS を Tier–1, sub Tier–1, Tier–2, Tier–3, Hyper Giants, Academic, non Layer の 7 種類に分類する.sub Tier–1 は,Tier–1 か Tier–2 かの判断が分かれている AS や過去は Tier–1 と認識されていたが,現在は Tier–2 の AS,またその逆の AS が含まれる.

ピアリングリンクは組織の規模や保有するコンテンツ量,送信するトラヒック量などが同等な AS の間につながれるリンクであるため,ピアリングリンクで構成された連結成分は一つの階層とみなすことができる.そこで,ピアリングで構成された連結成分を抽出し,各連結成分に含まれる AS の企業名を確認することで,それぞれの連結成分の階層を決定する.

ピアリングリンクをもたない AS は,non Layer とする.non Layer に含まれる AS の多くは,小規模のネットワークを持つ ISP やアプリケーションサービスプロバイダである.

以上の手順を用いて,フロー階層を用いてトラヒック集約の分析を行う.まず AS レベルトポロジーにおけるフロー階層の構造を見ていこう.

AS レベルトポロジーをモジュールに分割した際,各モジュールがどのような種類の AS で構成されているかを確認した.図 **5.11** に,2012 年の AS レベルトポロジーの CL1 モジュールに含まれる AS の種類とその数を示している.図を見ると,それぞれのモジュールには複数の種類の AS が含まれており,AS が種類ごとに偏っていないことがわかる.

一つのモジュールに複数の種類の AS が存在し,更に上位の AS がモジュール間リンクを多くもつことから,AS レベルトポロジーをモジュール分割すると,図 **5.12** のようなモジュールに切り分けられる.図 5.12 では,2012 年の

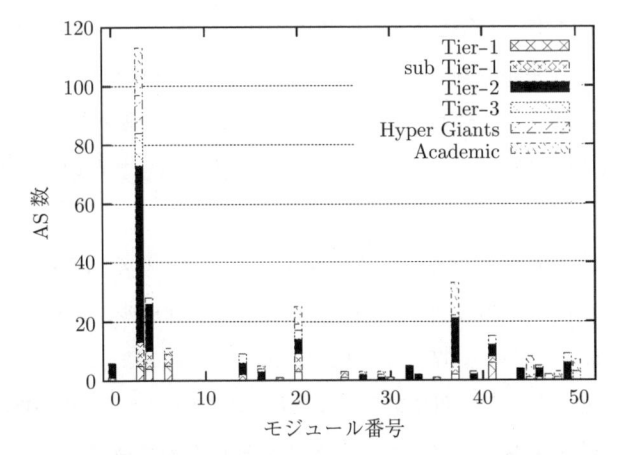

図 5.11 CL1 の各モジュールに含まれる AS の種類と数

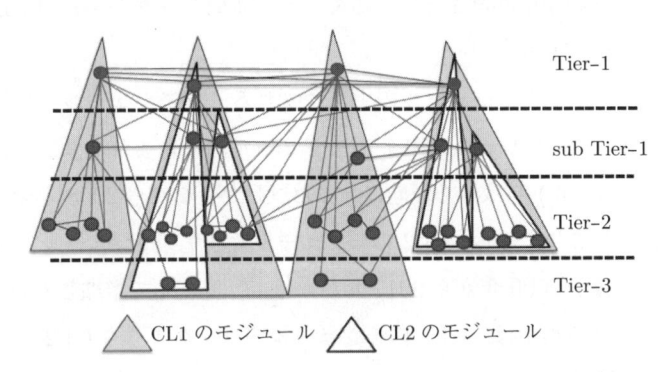

図 5.12 モジュールに分割した AS レベルトポロジーの概略図

AS レベルトポロジーの概略図を示しており，異なる階層の AS をつなぐリンクや同一の階層の AS をつなぐリンク，各階層に含まれるノードの 1/5 を抽出し，AS を階層ごとに配置している．AS レベルトポロジーでは，Tier–1 などの上位層の AS は，自身が属するモジュールのトラヒックを集約して，ほかのモジュールに転送する構造になっている．

次に，フロー階層の構造が，経年とともにどのように変遷しているかを考察する．AS レベルトポロジーは，図 5.12 に示した階層構造において深さよりも幅が広がるように規模拡大していることがわかった．2000 年から 2012 年にか

けて AS 数は約 5 倍，BGP パスの総数は約 9 倍に増えているが，AS レベル
ポロジーをモジュール分割できる回数は 2002 年から 2012 年にかけて 6 回であ
り変化がない．よって，フロー階層は幅が広がるように成長しているといえる．
フロー階層の幅が広がると，一つのモジュール内の AS 数が増え，モジュール
間リンクにより多くのパスが経由することになる．

表 5.2 に，各 CL における一つのモジュールに含まれる AS 数の平均を示し
ている．2000 年から 2012 年にかけて，一つのモジュールに含まれる AS 数は，
CL1 のモジュールでは 4.07 倍，CL2 のモジュールでは，2.96 倍に増えてい
る．そのため，モジュール間リンクでは，より多くのトラヒックが集約され，モ
ジュール間リンクに隣接する AS では，トラヒックの負荷が高まると考えられ
る．トラヒックの集中が高まっているモジュール間リンクが，どの CL に多く
存在するかを確認した．

図 5.13 に，一つのモジュールの中に含まれるサブモジュール数の推移を示
している．2008 年頃までは，CL1 のモジュール内に含まれるサブモジュール
(CL2 のモジュール) 数は増加傾向にあった．しかしながら 2008 年頃以降は減
少傾向にある．これに対し，CL2 のモジュールではサブモジュールである CL3
のモジュール数が 2000 年から 2012 年にかけて，継続して増加している．その
ためトラヒックの集中は，CL1 のモジュール間リンクよりも CL2 のモジュー
ル間リンクで高まる傾向にあることがわかる．

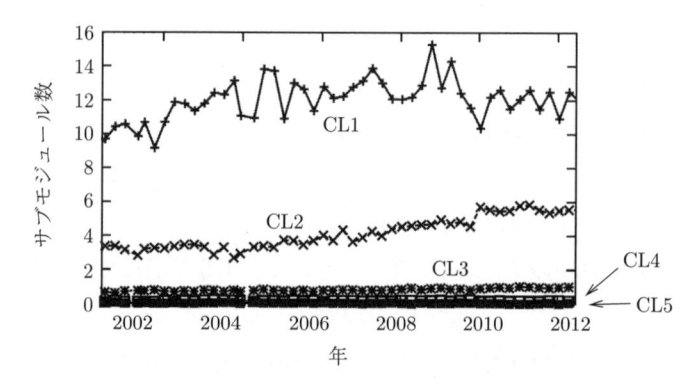

図 5.13 モジュールに分割した AS レベルトポロジーの概略図

5.2 生体ネットワークと情報ネットワークの類似点・相違点

生物システムと情報ネットワークはともに，階層性を有していることが知られている．例えば，生物の細胞内に存在する**転写因子ネットワーク**では，複数の転写因子が遺伝子を制御する階層構造を有している．その概念図を図 5.14 に示す．転写因子ネットワークは転写因子と呼ばれるタンパク質で構成され，外界からの刺激に応じた遺伝子の制御信号を伝達するためのネットワークである．

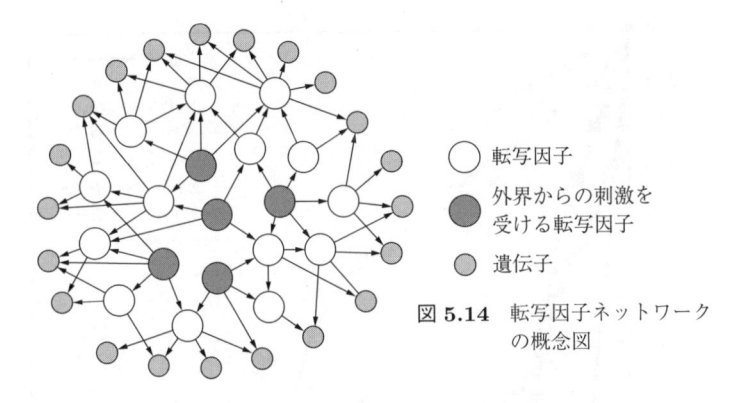

図 5.14 転写因子ネットワークの概念図

○ 転写因子
● 外界からの刺激を受ける転写因子
● 遺伝子

転写因子ネットワークは進化の過程で，省エネルギーでありながらロバスト性や負荷分散性を高めることに成功してきた．一方，前節で見たように情報ネットワークも同様に階層構造をなしている．

例えば 5.1 節で見たように，AS (Autonomous System) レベルの接続ネットワークは，「Tier–1」と呼ばれるインターネットサービスプロバイダ (Internet Service Provider：ISP) を接続構造の頂点とし，「Tier–1」ISP に対してトラヒック転送の利用料であるトランジット料を支払う「Tier–2」ISP が接続され，更に「Tier–2」ISP にトランジット料を支払う「Tier–3」ISP が接続される階層構造をなしている．

また，ISP レベルトポロジーにおいても，都市間接続を担うバックボーンルータと，都市内のデータ配送を担う中継ルータと利用者と接続するアクセスルー

タの3階層をなしている．

これらのネットワークは，次数分布がべき乗則に従うという点で共通の性質を有している．しかし，機能故障に対する堅牢性という点では異なる様相を示す．図 5.15 は，機能が損なわれたノード（以降，ノード故障）の割合に対するネットワークの接続率を，各種の転写因子ネットワークとルータ間接続ネットワークそれぞれに対して求めた結果を示している．なお，ここではネットワーク内の最も大きな強連結成分から最も次数の高いノードを故障させ，それにより入線数が 0 となったノードを連続して取り除く．

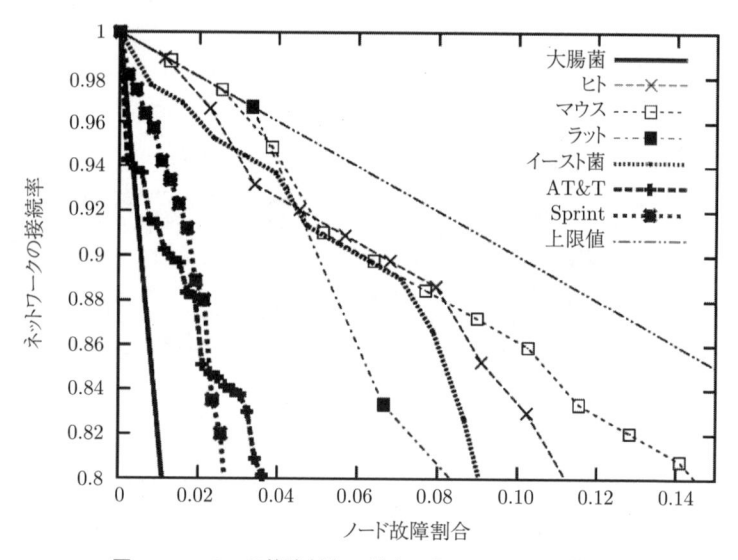

図 5.15　ノード故障割合に対するネットワークの接続率

故障数 0 のときの最も大きな強連結成分に含まれるノード数を N とし，故障させたノード数を i とおく．i 個のノードを故障させたときに取り除かれたノード数を R_i とすると，図 5.15 の故障割合は i/N であり，接続率は $(N-R_i)/N$ と定義される．図中に示した"上限値"の直線は，故障割合に対する接続率の上限値を表している．

接続率とは，ノード故障後に到達可能なノード数を故障前のネットワークが有するノード数で正規化したものである．接続率が低いとノード故障後のネッ

トワークは分断され，通信可能なノード数の割合が低いという観点では好ましくない．図 5.15 では，AT&T と Sprint の 2 種のルータ間の接続ネットワークは，大腸菌の転写因子ネットワークの接続構造と比較すると良好な性質を有しているものの，そのほかの生物種よりも劣っていることがわかる．

では，どのような要因でこのような差が生じているのだろうか．それは，より高次の接続性が異なっているためである．生物の細胞内に存在する転写因子ネットワークでは，複数の転写因子が一つの転写因子や遺伝子を制御する**コラボレーション構造**（図 **5.16**）を有することが知られている．コラボレーション構造とは，複数の転写因子が一つの転写因子を制御する接続構造であり，より高等な生物種ほどコラボレーション構造が多く含まれていることが明らかとなっている[18]．

(a) 低コラボレーション構造の例　　(b) 高コラボレーション構造の例

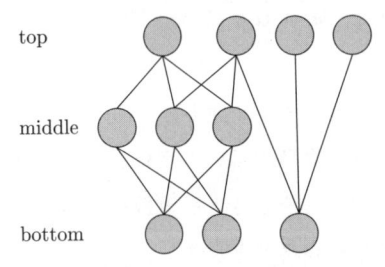

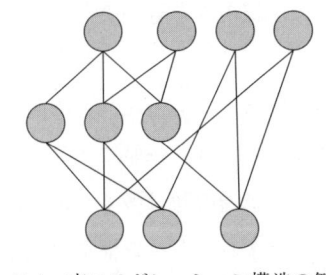

図 **5.16** コラボレーション構造の概念図

N. Bhardwaj らは，トポロジーを階層 top，階層 middle，階層 bottom の3 層に階層化し，ノードの位置を特定する．転写因子をノード，制御を有向辺リンクとした場合，出線のみをもつノードを階層 top，入線のみをもつノードを階層 bottom，それ以外のノードを階層 middle に分類する．階層 top は外界からの刺激を受けてほかの転写因子を制御する．階層 middle はほかの転写因子からの制御を中継する．階層 bottom は特定の遺伝子の発現を制御する役割を担っている．

インターネットのルータレベルトポロジーもコアノードやエッジノードなど，トポロジーにおけるノードの位置はノードのもつ役割と関係している．そこで

コアノードからエッジノードに向けてトラヒックが流れる過程を転写因子ネットワークと対比させて階層化を行う．初めにインターネットのルータレベルトポロジーではリンクが無向辺であるため，各ノードにおいてほかのノードまでの平均ホップ数をノードごとに計算し，リンクを平均ホップ数が小さいノードから大きいノードへの有向辺とする．

インターネットトポロジーのコラボレーション構造は，一つのノードペアがほかの一つのノードに向かう有向辺リンクをもつことを指す．次に，トポロジーをモジュールに分割し，モジュール間のリンクをもつノードをコアノードとみなして階層 top に分類する．リンクを転写因子ネットワークの制御と対比させ，入線のみをもつノードを階層 bottom，それ以外のノードを階層 middle に分類する．階層 top のノードに向かう有向辺リンクは向きを逆にし，階層 top のノードは出線のみをもつようにする．また，階層 top のノード間は双方向リンクにする．

この階層構造をもとに，どの階層がより多くのコラボレーション構造をもつかを調べてみよう．一般に，ノード数やリンク数の多いトポロジーほどコラボレーション構造の数は多くなる可能性がある．そこでノード数やリンク数に依存せずコラボレーション構造の量を計る指標が必要となる．

Bhardwaj らはその指標として各階層のコラボレーション値 D_{collab}^{L} と階層間のコラボレーション値 $D_{\text{betw--collab}}^{L_1, L_2}$ を定義している．各階層のコラボレーション値 D_{collab}^{L} は，階層 L に含まれるノードがネットワーク内のほかのノードとともに制御している割合を表しており

$$D_{\text{collab}}^{i} = \left(\sum_{A \in G} G_i \cap G_A \right) / G_i \tag{5.7}$$

$$D_{\text{collab}}^{L} = \langle D_{\text{collab}}^{i} \rangle_i \, \forall i \in L \tag{5.8}$$

の式で定義される．

ただし，G は全ノード集合，G_i はノード i が制御するノード集合，$\langle \ \rangle$ は相加平均を表す．また，階層間のコラボレーション値 $D_{\text{betw--collab}}^{L_1, L_2}$ は階層 L_1

5.2 生体ネットワークと情報ネットワークの類似点・相違点

に含まれるノードと階層 L_2 に含まれるノードによってともに制御されるノードの割合を表しており，以下の式で定義する．

$$D_{\text{betw–collab}}^{L_1,L_2} = \frac{G_{L_1} \cap G_{L_2}}{G_{L_1} \cup G_{L_2}} \tag{5.9}$$

$D_{\text{betw–collab}}^{L_1,L_2}$ の例を図 **5.17** に示す．

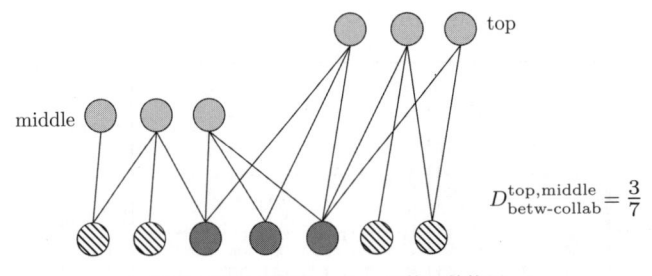

図 **5.17** コラボレーション値の数値例

$$D_{\text{betw-collab}}^{\text{top,middle}} = \frac{3}{7}$$

AT&T 社と Sprint 社のルータレベルトポロジと生物の転写因子ネットワークを階層化し，各階層のコラボレーション値と，階層間のコラボレーション階層間のコラボレーション値を算出した．その結果を図 **5.18** に示す．ここで用いた転写因子ネットワークの生物種は，大腸菌 (Ec)，ヒト (Hs)，マウス (Mm)，ラット (Rr)，イースト菌 (Sc) の 5 種類である．なお，階層 bottom はほかのノードを制御しないので，階層 top と階層 middle に対してのみコラボレーション値を算出している．図 (b) を見ると，ISP レベルトポロジーの階層間のコラボレーション値は転写因子ネットワークと異なり，同一階層によるコラボレーション構造は多く含まれるが，階層 top と階層 middle によるコラボレーション構造は少なく，階層ごとに役割が切り分けられている点が特徴的である．

また，図 5.15 において観察された耐故障性の高いヒトとマウスの共通点として，図 5.18 (a) で階層 top と階層 middle の各階層のコラボレーション値の差が少ないことが挙げられる．このようなコラボレーション構造を ISP レベルトポロジーに取り入れることによって，信頼性の高いネットワークを構築することができると期待される．

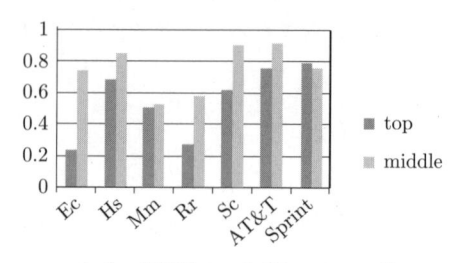

(a) 各階層のコラボレーション値

(b) 階層間のコラボレーション値

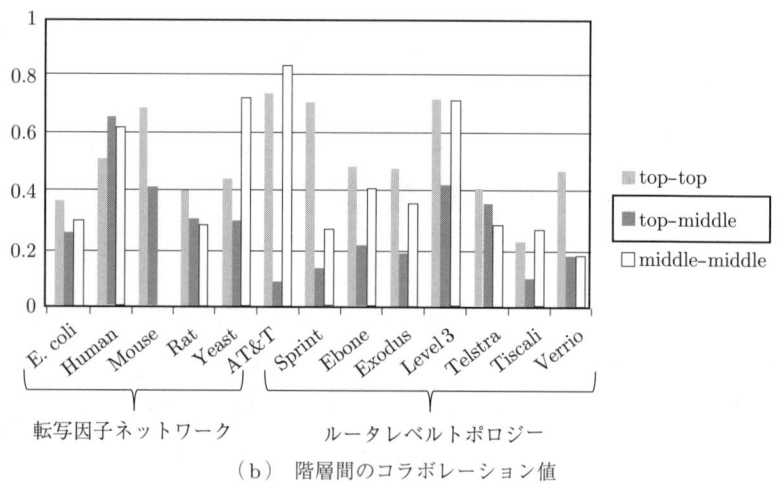

図 5.18 コラボレーション値

5.3 生体ネットワークに学ぶ情報ネットワークの構築

インターネットにおける通信需要や接続端末数は増加の一途をたどっており，情報ネットワークは今もなお需要に合わせて規模が成長し続けている．近年は，スマートフォンの普及やソーシャルメディアサービスの急速な台頭によりトラヒック需要の変化予測が難しくなりつつあるため，トラヒック需要の増加と変動に適応可能な情報ネットワークの構築が求められる．

現在のネットワーク構築のアプローチでは，トポロジー設計やルータ処理能力，ルータ間の回線容量設計をするために，観測にもとづいて予測したトラヒッ

ク需要を用いて，そのトラヒック需要を収容しつつネットワーク構築コストなどを最小化する全体最適化にもとづく構築アプローチが考えられている．この場合，構築したネットワークの最適性は，構築前に予測したトラヒック需要を超えない範囲でのみ確保されるものとなり，トラヒック需要の変化が構築時の予測を超えるとトラヒック需要を収容できず，再度ネットワークの設計・構築が必要となる．すなわち，再びトラヒック需要を予測し，最適化問題を解くことで構築すべきネットワークを求め，設備の増設などを行うことになる．

トラヒック需要の変化予測が困難になりつつあるなかで，トラヒック需要の予測に依存した最適性を追求していては，早晩立ちいかなくなるものと考えられる．このような状況を打破するための手段としては，環境適応能力に優れる生物システムや生体ネットワークの構築原理を情報ネットワークの設計原理に取り入れて，生物システムや生体ネットワークの環境適応能力に準じる情報ネットワークを構築していくことが有効であろう．

コラボレーション構造

その手掛かりの一つが，前節のコラボレーション構造の分析結果から推察することができる．コラボレーション構造の分析によれば，生物システムの構成要素は，従来の情報ネットワークや情報システムのように機能や役割が明確に定められてネットワークを構築しているのではなく，より多様なつながり方をしているものと考えられる．

文献19)では，生物システムが環境に応じて自身のシステムを調整し適応していく過程に対して，情報理論的解釈を与えている．生物システムは環境の制約を受けつつも環境変化に適応し，自身のシステムをチューニングするが，環境に特化されすぎたシステムは新たな環境の制約に応じた環境適応が困難となる一方で，環境に特化されていないシステムは新たな環境の制約下でも適応し得ることを述べている．

環境に特化されていくことは，生物システムの構成要素の役割が（ほかの構成要素の役割に依存して）定められていくということであり，構成要素間の相互

情報量は大きくなる．一方で，システムの構成要素の相互情報量が小さく，役割の依存性が薄い場合には，構成要素はいかようにも変容することが可能となる．

情報ネットワーク構築の観点からは，最適化によって得られるネットワークの構成要素には最適性を達成するための役割が付与されていると解釈することができる．このような構築指針から脱却し，情報ネットワークの構成要素間の依存性を極力排除することができれば，環境適応能力に優れた情報ネットワークが構築できるであろう．

このように，生命科学の研究分野では，環境変動への適応において多様性が重要であることが述べられている．このため，多様性を高めながら情報ネットワーク設計を行うことでトラヒック需要に適応可能な情報ネットワークの構築が期待できる．

ネットワークの相互情報量

そこで，トポロジーが有する構造の多様性を測る指標を考えることとする．その指標として，**相互情報量**に着目する．一般に，相互情報量は，情報理論における解釈では，確率変数 X, Y があったとき，Y を知ることにより得られる X の情報量となる．相互情報量を，トポロジーの構造の一部 (Y に相当) を知ることで得られる残りのトポロジーの構造 (X に相当) の情報量と見立てることで，トポロジーが有する構造の多様性を図る．

R. Solé らは，残存次数の相互情報量を用いて情報ネットワークを含むさまざまなネットワークのトポロジーを分析している[20]．ソフトウェアプログラムや電子回路などの人工システムと生物システムのトポロジーにおける残存次数の相互情報量を算出し，ランダムに接続されたトポロジーと比較して相互情報量が大きくなる結果が示されている．

残存次数 k とはリンクを 1 本取り除いたときに，その片方に接続されていたノードの残り次数である．残存次数分布 $q(k)$ は次数分布 $P(P_1, \cdots, P_x, \cdots, P_K)$ を用いて以下の式で表される．なお，K はトポロジーの最大次数である．

5.3 生体ネットワークに学ぶ情報ネットワークの構築

$$q(k) = \frac{(k+1)P_{k+1}}{\sum_k kP_k} \tag{5.10}$$

残存次数の相互情報量 $I(q)$ は残存次数分布 $q = (q(1), \cdots, q(i), \cdots, q(N))$ を用いて

$$I(q) = H(q) - H_c(q|q') \tag{5.11}$$

で表される．第一項 $H(q)$ は**残存次数のエントロピー**を表しており，残存次数分布 $q(k)$ にもとづき

$$H(q) = -\sum_{k=1}^{N} q(k) \log(q(k)) \tag{5.12}$$

で算出する．これはリンクの接続先のノード次数の多様性を図っており，トポロジーの次数の不均質性を表す指標となっている．

残存次数のエントロピー H が 0 となるのは，例えばリングトポロジーのような次数が均質な正則グラフである．また，リンクの接続先のノード次数が多様になればなるほど H は大きくなる．第二項 $H_c(q|q')$ は残存次数の条件付きエントロピーを表している．残存次数 k をもつノードと接続されているノードの残存次数が k' である条件付き確率 $\pi(k|k')$ と，残存次数分布 q を用いて以下の式で定義される．

$$H_c(q|q') = -\sum_k \sum_{k'} q(k')\pi(k|k') \log \pi(k|k') \tag{5.13}$$

ISP レベルトポロジーである Level 3, Verio, AT&T, Sprint, Telstra の各トポロジーの相互情報量を求めたところ，**表 5.3** のとおりになった．また，比

表 5.3 ISP レベルトポロジーの相互情報量

トポロジー	ノード数	リンク数	$H(G)$	$Hc(G)$	$I(G)$
Level 3	623	5 298	6.04	5.42	0.61
Verio	839	1 885	4.65	4.32	0.33
AT&T	523	1 304	4.46	3.58	0.88
Sprint	467	1 280	4.74	3.84	0.9
Telstra	329	615	4.24	3.11	1.13
BA	523	1 304	4.24	3.98	0.26

較のため，AT&T トポロジーと同一のリンク数，ノード数の BA モデルで生成したトポロジーとランダムに生成したトポロジーの相互情報量を求めている．

表 5.3 から，Verio 社を除く ISP レベルトポロジーは残存次数の相互情報量が大きいことがわかる．確率的に生成される BA モデルにより生成したトポロジーやランダムに生成したトポロジーでは相互情報量が小さいことがわかる．ISP トポロジーにおいて故障耐性向上のための接続パターンが繰り返し出現しているためであり，ISP レベルトポロジーが意図的に設計されていることに起因していると考えられる．

一方で，Verio 社のトポロジーの相互情報量は他の ISP と比較して小さいことがわかる．これは，Verio 社のネットワーク拡張の経緯によるものと考えられる．Verio 社は小規模な地域 ISP の買収を繰り返して規模を拡大したため，さまざまな ISP の設計指針を内包し，結果として構造が多様になっていると考えられる．

まず，残存次数分布の違いによるトポロジーの性質を明らかにするために，式(5.9) における $H(q)$ の異なる複数のトポロジーを生成し，その平均ホップ長及び次数分布を調査した．BA トポロジー（523 ノード，1304 リンク）を初期トポロジーとして与え，ランダムにリンクを張り替えつつ，焼なまし法を用いて下記のポテンシャル関数 U を最小化することにより求めた．

$$U(G) = \sqrt{(H - H(G))^2} + \sqrt{(H_c - H_c(G))^2} \tag{5.14}$$

ここで，H, H_c はそれぞれ事前に指定した目標エントロピー H，目標条件付きエントロピー H_c であり，$H(G), H_c(G)$ はそれぞれ生成過程のトポロジー G のエントロピー，条件付きエントロピーである．上記の手法で，$H = H_c$ となる値を目標値に設定して，異なる残存次数分布をもつトポロジーを生成し，それらの平均ホップ長を求めた結果を図 **5.19** に示す．

図を見ると，残余次数分布のエントロピー H が 3 を超えて増加すると，平均ホップ長が減少することがわかる．これは，H の増大とともにノード次数に偏りが生じ，H が 4 付近においては次数分布がべき乗則に近くなり，結果とし

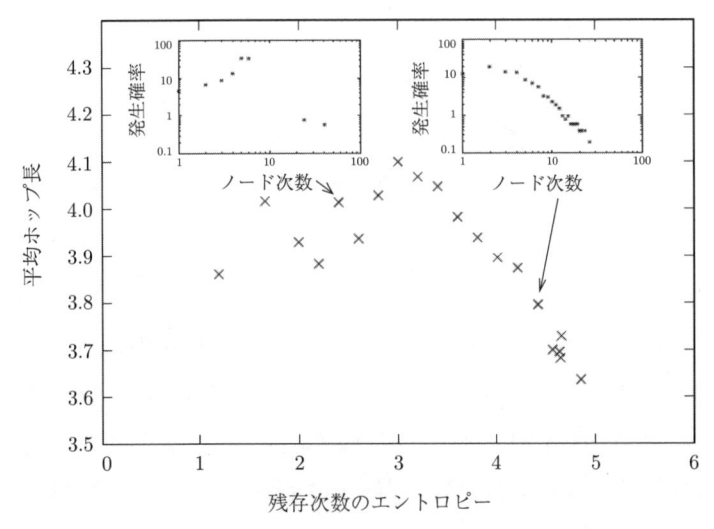

図 5.19 残存次数のエントロピーと平均ホップ長の関係

てハブノードが平均ホップ長を短くしているためである.

次に,相互情報量とトポロジーの性質の関係を明らかにする.上の評価により,$H(q)$ が大きいトポロジーの平均ホップ長は短くなる傾向を確認したため,ここでは $H(q)$ が大きいトポロジーを対象とする.BA モデルで生成したトポロジー (523 ノード,1304 リンク) を初期トポロジーとして与え,生成トポロジー G の相互情報量 $I(G)$ が目標相互情報量 I に近づくよう,焼なまし法を用いて下記のポテンシャル関数 UI を最小化することにより求めた.

$$UI(G) = |I - I(G)| \tag{5.15}$$

リンクの張替えは,文献6) で述べられている次数分布を維持する手法を用いた.具体的には,図 5.20 のように,ランダムに選択した 2 本のリンクの接続先ノードを張り替えている.

ここでは,相互情報量の違いによるトポロジーの性質を明確にするために,相互情報量を最小化したトポロジー TI_{min} と相互情報量を最大化したトポロジー TI_{max} を用いる.TI_{min} は,$UI(G)$ の定義式における目標相互情報量 I を 0 として求めたトポロジーであり,焼なまし法を適用して得られたトポロジーの

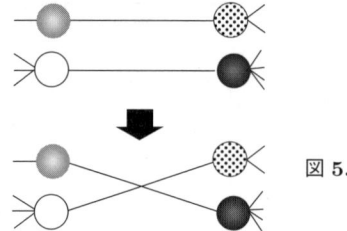

5. 生体ネットワークと情報ネットワーク

図 5.20 次数分布を維持するリンク張替え

相互情報量 $I(TI_{min})$ は 0.12 となった.

一方, TI_{max} は, $UI(G)$ の定義式における目標相互情報量 I を 3.0 として求めたトポロジーであり, $I(TI_{max})$ は 2.70 となった. TI_{min} 及び TI_{max} を可視化した結果が**図 5.21** である. 図の TI_{min} と TI_{max} を比較すると, 相互情報量 I が大きくなるとトポロジー構造の多様性が失われ, 構造に規則性が出現することが見て取れる.

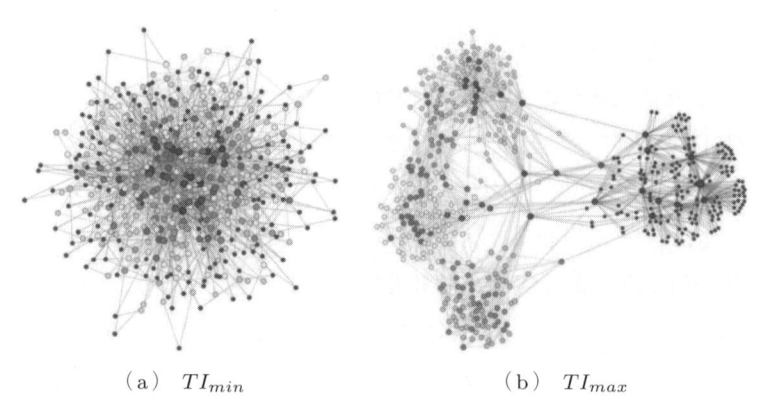

(a) TI_{min} (b) TI_{max}

図 5.21 TI_{min} 及び TI_{max}

相互情報量の定義式は

$$I(q) = H(q) - H_c(q|q') \tag{5.16}$$

であり, 残存次数のエントロピー H と条件付きエントロピー H_c により決定される. ただし, TI_{min} 及び TI_{max} を生成するにあたり, 次数分布を維持したリンク張替えを行っているため, $H(q)$ は不変である. したがって, 残存次数

5.3 生体ネットワークに学ぶ情報ネットワークの構築

の条件付きエントロピー H_c の変化が相互情報量 I を変化させている.

また,残存次数分布の条件付きエントロピーは

$$H_c(q|q') = -\sum_k \sum_{k'} q(k')\pi(k|k') \log \pi(k|k')$$
$$= \sum_{k'} q(k)(k') \left\{ -\sum_k \pi(k|k') \log \pi(k|k') \right\} \quad (5.17)$$

である.条件付き確率 $\pi(k|k')$ のエントロピー $H_\pi(k')$ は

$$H_\pi(k') = -\sum_k \pi(k|k') \log \pi(k|k') \quad (5.18)$$

と表記されるため

$$H_c(q|q') = \sum_{k'} q(k') H_\pi(k') \quad (5.19)$$

となる.次数分布を維持したリンク張替えを行う場合,残存次数の分布 $q(k')$ も変化しないため,結局のところ $H_c(q|q')$ の変化は,$\pi(k|k')$ のエントロピー $H_\pi(k')$ の変化によってもたらされる.

相互情報量 I が小さい場合,つまり残存次数の条件付きエントロピー $H_c(q|q')$ が大きい場合のトポロジー構造を説明する.次数分布がべき乗則に従う条件下では,残存次数が大きいとき,残存次数が k' となるノード数は少ない.

一方,残存次数 k' が小さいとき,残存次数が k' となるノード数は多く存在する.そこで,$H_c(q|q') = \sum_{k'} q(k') H_\pi(k')$ から,条件付き確率 $\pi(k|k')$ のエントロピー $H_\pi(k')$ の大小が表すトポロジーの構造を,残存次数 k' が最大のものと残存次数 k' が最小のものに着目して説明する.残存次数 k' が最大のノードに着目すると,条件付き確率 $\pi(k|k')$ のエントロピー $H_\pi(k|k')$ が大きくなるのは,残存次数が k' であるノードの接続先ノードの残存次数 k が多様であるときである.

図 **5.22** (a) は TI_{min} の最大残存次数 k' の条件付き確率 $\pi(k|k')$ の分布を示しており,最大残存次数をもつノードの接続先ノードの残存次数がばらついていることがわかる.一方,残存次数 k' が最小のノード集合に着目すると,条件

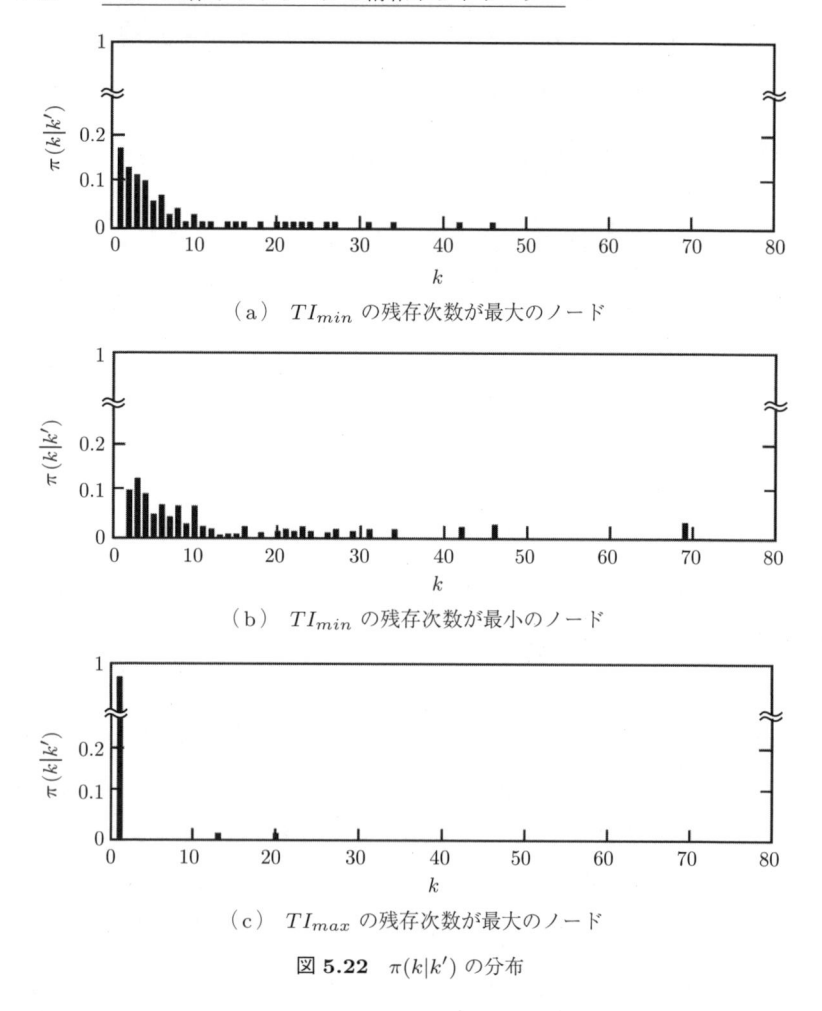

(a) TI_{min} の残存次数が最大のノード

(b) TI_{min} の残存次数が最小のノード

(c) TI_{max} の残存次数が最大のノード

図 5.22 $\pi(k|k')$ の分布

付き確率 $\pi(k|k')$ のエントロピー $H_\pi(k')$ が大きくなるのは，残存次数 k' が最大のノードに着目した場合と同じく，残存次数が k' となるノードの接続先ノードの残存次数 k が多様であるときである．図 (b) は相互情報量を最小化したトポロジー TI_{min} の，最小残存次数 k' の条件付き確率 $\pi(k|k')$ を示しており，最小残存次数をもつノードの接続先ノードの残存次数もばらついていることがわかる．

次に，相互情報量 I が大きい場合，つまり残存次数の条件付きエントロピー

5.3 生体ネットワークに学ぶ情報ネットワークの構築

$H_c(q|q')$ が小さい場合のトポロジーの構造を説明する．残存次数 k' が最大のノードに着目すると，条件付き確率 $\pi(k|k')$ のエントロピー $H_\pi(k')$ が小さくなるのは，残存次数 k' をもつノードの接続先ノードの残存次数 k が均一となるときである．

図 (c) は，相互情報量を最大化したトポロジー TI_{max} の，最大残存次数 k' の条件付き確率 $\pi(k|k')$ の分布を示しており，最大残存次数をもつノード集合の接続先ノードの残存次数が 1 である確率が高いことがわかる．すなわち，相互情報量の大きなトポロジーの残存次数 k' が大きいノードは図 **5.23** に示すようなトポロジー構造を有している．一方，残存次数 k' が最小のノード集合に着目すると，条件付き確率 $\pi(k|k')$ のエントロピー $H_c(q|q')$ が小さくなるのは，残存次数 k' をもつノードの接続先ノードの残存次数が均一のときである．

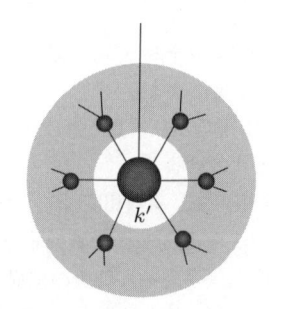

図 **5.23** 相互情報量が大きいトポロジー構造

図 **5.24** は相互情報量を最大化したトポロジー TI_{max} の，最小残存次数 k' の条件付き確率 $\pi(k|k')$ の分布を表しており，最小残存次数をもつノード集合の接続先ノードの残存次数が図 5.22 (b) より偏っていることがわかる．この場

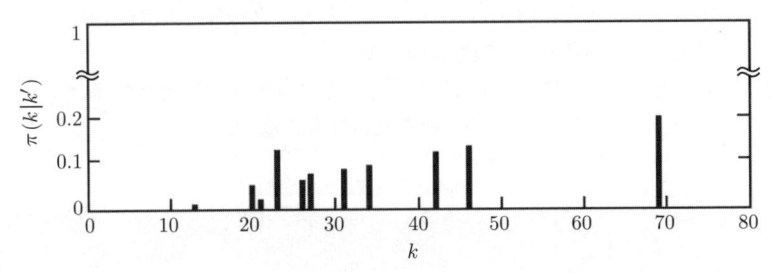

図 **5.24** TI_{max} の残存次数が最小のノードの $\pi(k|k')$ の分布

合，図 5.25 に示すトポロジー構造が出現すると考えられる．

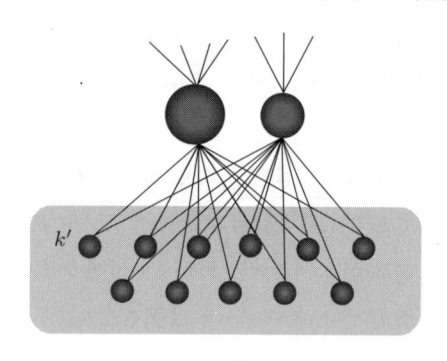

図 5.25　k' が小さく，$H_\pi(k')$ が大きなノード近傍のトポロジー構造

章 末 問 題

【1】 身近なネットワーク（例えば，友人関係のネットワークや鉄道網など）を一つ選択し，otter を用いてネットワークを可視化せよ．

【2】 FKP モデルにより得られるトポロジーの平均ホップ長やクラスタ係数を求め，BA モデルにより得られるトポロジーと比較せよ．

【3】 BA モデルにより生成したトポロジーを用いて，次数相関 $s(G)$ を求めてみよ．また，BA モデルにより生成したトポロジーと同一の次数分布をもちつつも，次数相関が最小となるトポロジーを生成し，構造的な特徴の差異をまとめよ．

【4】 Hyper Giants と呼ばれる AS にはどのようなものがあるかを調査せよ．

【5】 Hyper Giants の登場は，Tier–1 ISP や Tier–2 ISP にどのような影響を与えたかをまとめよ．その影響が良い影響であるか悪い影響であるか，自身の意見を述べよ．

【6】 トポロジーの次数分布を維持するリンク張替えを図 5.20 に示している．では，トポロジーの次数相関 $s(G)$ を同一とするリンク張替え手法を文献 6) を参考に考え，その具体的な手順を説明せよ．

【7】 残存次数以外の指標に関する相互情報量を一つ挙げ，その指標に関する相互情報量を最小化/最大化した際に得られる性質を論ぜよ．

第6章
結論

　インターネットに代表される情報ネットワークは，利用者数の増加，デバイスやアプリケーションの多様化に付随する諸問題に対処し続けることによって，飛躍的な発展を遂げてきた．この発展は，情報ネットワークを工学システムとして捉え，最適設計及び決定論的な制御をもち込み，正確で厳密な答えをもとにネットワークを構築，運用することによって成し遂げられたことは間違いない．

　我々を取り巻く生活環境に情報ネットワークが浸透するにつれ，情報ネットワークの利用形態の多様化が進んでいる．工学システム設計のロジックにより対処する場合には，まず，利用形態の多様化あるいは多様化に伴う複雑な振舞いを何らかの方法でモデル化し，「平均的な振舞い」を得る．そのうえで「平均的な振舞い」に対する性能要件を満たすネットワークを構築し，平均的な振舞いから逸脱する場合には，これを無視するという形になるであろう．すなわち，複雑な振舞いを何らかの方法で単純化し，最適設計や決定論的制御にもち込むという方法である．

　しかし，社会が情報ネットワークに求めるものは常に変化しており，社会変化を機敏に察知し，モデルに落とし込み，単純化して最適設計や決定論的制御を行うという考え方は早晩通用しなくなるものと考えられる．複雑な振舞いを細部まで把握することなく全体を設計，制御することのできる新たなパラダイムによる手法が求められる．そのような手法を情報ネットワークにもち込むことによって，将来にわたって信頼のできる持続発展可能な社会基盤システムとしての情報ネットワークを構築することが重要である．

　そのような情報ネットワークを構築するための手掛かりが生物システムであ

る．生物システムは，常に変化する環境下でも，最適ではないにしても，それなりに動作，機能するしくみを有しており，生来的に適応的で頑健であることが知られている．それは情報ネットワークがこれまで採ってきた最適性追求のアプローチでは得難い特性であり，情報ネットワークの設計，制御の新たな指針になりうる．

　本書では，自己組織化やゆらぎなど，いくつかの生物システムの動作原理の情報ネットワークの設計，制御への応用例を挙げ，得られる特性について論じた．重要なことは，単に生物システムの巧みな振舞いを真似するのではなく，生物システムがどのようにして適応性やロバスト性，省エネルギー性など情報ネットワークが備えるべき特性を獲得し，利用しているのか，その本質を理解し，情報ネットワークの設計，制御への応用を図ることである．

　現在見られる生物システムの動作原理は，長い進化の歴史の中で生み出され，獲得されてきたものと考えられている．一方で，情報ネットワークは，飛躍的に発展を遂げてはいるものの，まだ歴史は浅く，進化の入口に立っているとも考えられる．生物に学び，生物を進化発展の道しるべとすることによって，進化，持続発展可能な新しい情報ネットワークを実現できるだろう．

引用・参考文献

★1章

1) Gartner：Explore the disruptive impact of IoT on business, Gartner Symposium / ITxpo (Nov. 2014)
2) G. Gilder：Telecosm；How infinite bandwidth will revolutionize our world, Simon and Schuster (2000)
3) 独立行政法人 産業技術総合研究所：光ネットワーク低エネルギー化技術, 産総研 Today (Feb. 2010)

★2章

1) H. Kurata, H. El-Samad, R. Iwasaki, H. Ohtake, J. C. Doyle, I. Grigorova, C. A. Gross and M. Khammash：Module-based analysis of robustness tradeoffs in the heat shock response system, PLoS Comput. Biol., **2**[†], 7, pp. 663–675 (Jul. 2006)
2) D. Charbonneau, N. Hillis, K. Kierstead, M. Akorli and A. Dornhaus：Why are there 'lazy' ants? How worker inactivity can arise, Proc. IUSSI (Jul. 2014)
3) P. A. Merolla, J. V. Arthur, R. Alvarez-Icaza, A. S. Cassidy, J. Sawada, F. Akopyan, B. L. Jackson, N. Imam, C. Guo, Y. Nakamura, B. Brezzo, I. Vo, S. K. Esser, R. Appuswamy, B. Taba, A. Amir, M. D. Flickner, W. P. Risk, R. Manohar and D. S. Modha：A million spiking-neuron integrated circuit with a scalable communication network and interface, Science, **345**, pp. 668–673 (2014)
4) A. Destexhe and D. Contreras：Neuronal computations with stochastic network states, Science, **314**, pp. 85–90 (2006)
5) K. Fujita, M. Iwaki, A. H. Iwane, L. Marcucci and T. Yanagida：Switching of myosin-V motion between the lever-arm swing and Brownian search-and-catch, Nature Commun., **3**, 956 (2012)

[†] 論文誌の巻番号は太字, 号番号は細字で表す.

6) Sandvine：1H 2014 Global Internet Phenomena Report (May 2014)
7) 情報通信研究機構：新世代ネットワークアーキテクチャ，AKARI 概念設計書，Ver.2.0 (Aug. 2009)
8) S. Deering：Watching the waist of the protocol hourglass, IETF meeting 51 (Aug. 2001)
9) C. Furusawa and K. Kaneko：Evolutionary origin of power-laws in a biochemical reaction network；embedding abundance distribution into topology, Phys. Rev. E, **73**, 1, 011912 (2006)
10) J. M Whitacre：Degeneracy；A link between evolvability, robustness and complexity in biological systems, Theor. Biol. Med. Model, **7**, 6 (2010)
11) BIONETS Consortium：The BIONETS Project eBook - Paradigms for biologically-inspired autonomic networks and services (2010)
12) T. Nakano and T. Suda：Applying biological principles to designs of network services, Appl. Soft Comput., **7**, pp. 870–878 (2007)
13) M. Viroli and M. Casadei：Chemical-inspired self-composition of competing services, Proc. ACM SAC (Mar. 2010)
14) S. Bornholdt and T. Rohlf：Topological evolution of dynamical networks；Global criticality from local dynamics, Phys. Rev. Lett. **84**, 6114 (Jun. 2000)
15) L. Chen, S. Arakawa, H. Koto, N. Ogino, H. Yokota and M. Murata：Designing an evolvable network with topological diversity, Proc. IEEE NetSciCom (Mar. 2014)
16) M. Prokopenko, F. Boschetti and A. Ryan：An information-theoretic primer on complexity, self-organization, and emergence, COMPLEXITY, **15**, 1, pp. 11–28 (Sep. 2009)
17) D. Dasgupta：Artificial immune systems and their applications, Springer (1996)
18) S. Sarafijanovic and J. Y. Le Boudec：An artificial immune system for misbehavior detection in mobile ad-hoc networks with virtual thymus, clustering, danger signal and memory detectors, Int. J. Unconv. Comput., **1**, 3, pp. 221–254 (2005)
19) P. Lukowicz, E. Barth and J. Kim：Organic architectures for large-scale environment-aware sensor networks, Proc. ACM/GI/ITG ARCS (2005)
20) V. Pappas, D. Verma, B. J. Ko and A. Swami：Circulatory system approach for wireless sensor networks, Ad Hoc Net., **7**, 4, pp. 706–724 (2009)

★ 3 章

1) E. Bonabeau, M. Dorigo and G. Theraulaz：Swarm Intelligence, Oxford University Press (1999)
2) M. Dorigo and T. Stützle：Ant Colony Optimization, MIT Press (2004)
3) M. Dorigo, V. Maniezzo and A. Colorni：The Ant System；Optimization by a colony of cooperating agents, IEEE Trans. Syst., Man, Cybern., Syst., **B26**, 1, pp. 1–13 (1996)
4) R. Schoonderwoerd, O. Holland, J. Bruten and L. Rothkrantz：Ant-based load balancing in telecommunications networks, Adap. Behav., **5**, 2, pp. 169–207 (Fall 1996)
5) G. Di Caro and M. Dorigo：AntNet；Distributed stigmergetic control for communications networks, J. Art. Int. Res., **9**, pp. 317–365 (1998)
6) G. Di Caro：Ant colony optimization and its application to adaptive routing in telecommunication networks, Ph.D. thesis in Applied Sciences, Polytechnic School, Université Libre de Bruxelles (2004)
7) S. Kamali and J. Opatrny：A position based ant colony routing algorithm for mobile ad-hoc networks, JNW, **3**, 4, pp. 31–41 (Apr. 2008)
8) N. Kuze, N. Wakamiya and M. Murata：Proposal and evaluation of ant-based routing with autonomous zoning for convergence improvement, Proc. NBiS, pp. 290–297 (Sep. 2012)
9) J. Elson, L. Girod and D. Estrin：Fine-grained network time synchronization using reference broadcasts, Proc. OSDI (2002)
10) S. Ganeriwal, R. Kumar and M. B. Srivastava：Timing-sync protocol for sensor networks, Proc. ACM SenSys (2003)
11) M. Maroti, B. Kusy, G. Simon and A. Ledeczi：The flooding time synchronization protocol, Proc. ACM SenSys (2004)
12) S. H. Strogatz：Sync；The Emerging Science of Spontaneous Order, Hachette Books (2003)
13) R. E. Mirollo and S. H. Strogatz：Synchronization of pulse-coupled biological oscillators, SIAM J. Appl. Math., **50**, 6, pp. 1645–1662 (Dec. 1990)
14) X. Guardiola, A. Dìaz-Guilera, M. Llas and C. Pèrez：Synchronization, diversity, and topology of networks of integrate and fire oscillators, Phys. Rev. E, **62**, 4, pp. 5565–5569 (Oct. 2000)
15) P. Goel and B. Ermentrout：Synchrony, stability, and firing patterns in

pulse-coupled oscillators, Physica D, **163**, pp. 191–216 (2002)
16) B Ermentrout：Waves and oscillations in networks of coupled neurons, Lect. Notes Phys., **671**, pp. 341–357 (Oct. 2005)
17) M. B. H. Rhouma and H. Frigui：Self-organization of pulse-coupled oscillators with application to clustering, IEEE Trans. on Pattern Anal. Mach. Intell., **23**, pp. 180–195 (Feb. 2001)
18) G. Werner-Allen, G. Tewari, A. Patel, M. Welsh and R. Nagpal：Firefly-inspired sensor network synchronicity with realistic radio effects, Proc. ACM SenSys (Nov. 2005)
19) Y. W. Hong and A. Scaglione：A scalable synchronization protocol for large scale sensor networks and its applications, IEEE J. Sel. Areas Comm., **23**, 5, pp. 1085–1099 (May 2005)
20) N. Wakamiya and M. Murata：Synchronization-based data gathering scheme for sensor networks, IEICE Trans. Comm., **E88-B**, 3, pp. 873–881 (Mar. 2005)
21) Y. Taniguchi, N. Wakamiya and M. Murata：A Traveling Wave based Communication Mechanism for Wireless Sensor Networks, JNW, **2**, 5, pp. 24–32 (Sep. 2007)
22) Y. Kuramoto：Chemical oscillations, waves, and turbulence, Springer-Verlag (1984)
23) A. M. Turing：The chemical basis of morphogenesis, Royal Society of London Philosophical Transactions Series B, **237**, pp. 37–72 (1952)
24) S. Kondo and R. Asai：A reaction-diffusion wave on the kin of the marine angelfish Pomacanthus, Nature, **376**, pp. 765–768 (1995)
25) K. Hyodo, N. Wakamiya, E. Nakaguchi, M. Murata, Y. Kubo and K. Yanagihara：Reaction-diffusion based autonomous control of wireless sensor networks, Int. J. Sensor Networks, **7**, 4, pp. 189–198 (May 2010)
26) M. Durvy and P. Thiran：Reaction-diffusion based transmission patterns for ad hoc networks, Proc. IEEE INFOCOM, pp. 2195–2205 (Mar. 2005)
27) D. Miorandi, D. Lowe and K. M. Gomez：Activation-inhibition-based data highways for wireless sensor networks, Proc. Bionetics (Dec. 2009)
28) L. Yamamoto and D. Miorandi：Evaluating the robustness of activator-inhibitor models for cluster head computation, Proc. ANTS (Sep. 2010)
29) N. Wakamiya, K. Hyodo and M. Murata：Reaction-diffusion based topol-

ogy self-organization for periodic data gathering in wireless sensor networks, Proc. IEEE SASO, pp. 351–360 (Oct. 2008)
30) E. Bonabeau, G. Theraulaz and J.-L. Deneubourg：Quantitative study of the fixed threshold model for the regulation of division of labour in insect societies, Proc. Biological Sciences, **263**, 1376, pp. 1565–1569 (1996)
31) G. Theraulaz, E. Bonabeau and J. L. Deneibourg：Response threshold reinforcement and division of labour in insect societies, Proc. Royal Society B, **265**, pp. 327–332 (Feb. 1998)
32) E. Bonabeau, A. Sobkowski, G. Theraulaz and J.-L. Deneubourg：Adaptive task allocation inspired by a model of division of labor in social insects, Santa Fe Institute Working Papers, 98-01-004 (1998)
33) W. Haboush and D. H. Shrimpton：Fixed response-threshold model for task allocation in sensor networks, Proc. London Commun. Sympo (Sep. 2005)
34) T. Heimfarth and D. Orfanus：Resource-aware clustering of wireless sensor networks based on division of labor in social Insects, Proc. IFIP BICC (Sep. 2008)
35) P. Janacik, T. Heimfarth and F.-J. Rammig：Emergent topology control based on division of labour in ants, Proc. IEEE AINA, pp. 733–740 (Apr. 2006)
36) T. Iwai, N. Wakamiya and M. Murata：Response threshold model-based device assignment for cooperative resource sharing in a WSAN, Int. J. Swarm Intell. Evol. Comput., **1** (Apr. 2012)
37) M. Sasabe, N. Wakamiya, M. Murata and H. Miyahara：Effective methods for scalable and continuous media streaming on peer-to-peer networks, European Trans. on Telecom., **15**, pp. 549–558 (Nov. 2004)
38) T. Iwai, N. Wakamiya and M. Murata：Characteristic analysis of response threshold model and its application for self-organizing network control, Proc. IFIP IWSOS (May 2013)
39) M. Prokopenko：Guided Self-Organization；Inception, Springer book (2014)

★4章

1) GLPK (GNU Linear Programming Kit)
https://www.gnu.org/software/glpk (2015 年 5 月現在)
2) IBM ILOG CPLEX

http://www-03.ibm.com/software/products/ja/ibmilogcple（2015 年 5 月現在）

3) 大木英司：通信ネットワークのための数理計画法，コロナ社 (2012)

4) R. Rojas：Neural Networks: A Systematic Introduction, Springer (1996)

5) J. J. Hopfield：Neural networks and physical systems with emergent collective computational abilities, Proc. PNAS, **79**, pp. 2554–2558 (Apr. 1982)

6) Y. Baram：Orthogonal patterns in binary neural networks, Technical Memorandum 100060, NASA (Mar. 1988)

7) A. Kashiwagi, I. Urabe, K. Kaneko and T. Yomo：Adaptive response of a gene network to environmental changes by fitness-induced attractor selection, PLoS ONE, **e49**, 1, pp. 1–10 (Dec. 2006)

8) K. Leibnitz, N. Wakamiya and M. Murata：Biologically inspired self-adaptive multipath routing in overlay networks, Commun. of the ACM, **49**, pp. 62–67 (Mar. 2006)

9) N. Asvarujanon, K. Leibnitz, N. Wakamiya and M. Murata：Noise-assisted concurrent multipath traffic distribution in ad hoc networks, The Scientific World Journal, **2013**, 543718 (Nov. 2013)

10) C. Perkins, E. Belding-Royer and S. Das：Ad hoc on-demand distance vector (AODV) routing, IETF RFC 3561 (Jul. 2003)

11) ITU-T：Information technology - open systems interconnection - basic reference model ; The basic model, ITU-T Recommendation X. 200 (Nov. 1994)

12) M. Aida：Using a renormalization group to create ideal hierarchical network architecture with time scale dependency, IEICE Trans. Commu., **E95.B**, 5, pp. 1488–1500 (2012)

13) M. Chiang, S. H. Low, A. R. Calderbanka and J. C. Doyle：Layering as optimization decomposition ; A mathematical theory of network architectures, Proc. IEEE, pp. 255–312 (Jan. 2007)

14) L. D. Mendesa and J. J. Rodrigues：Survey on cross-layer solutions for wireless sensor networks, J. Netw. Comput. Appl., **34**, 2, pp. 523–534 (Mar. 2011)

★5章

1) N. Spring, R. Mahajan, D. Wetherall and T. Anderson：Measuring ISP topologies with rocketfuel, IEEE/ACM Trans. Netw., **12**, pp. 2–16 (Feb.

2004)

2) Otter : Tool for Topology Display
http://www.caida.org/tools/visualization/otter/ (2015 年 5 月現在)

3) A. Fabrikant, E. Koutsoupias and C. H. Papadimitriou : Heuristically optimized trade-offs: A new paradigm for power law in the Internet, Proc. ICALP, pp. 110–122 (Jul. 2002)

4) R. Milo et al. : Network motif ; Simple Building Blocks of Complex Networks, Science, **298**, pp. 824–827 (2002)

5) L. Li, D. Alderson, W. Willinger and J. Doyle : A first-principles approach to understanding the Internet's router-level topology, ACM SIGCOMM Computer Communication Review, **34**, pp. 3–14 (Oct. 2004)

6) P. Mahadevan, D. Krioukov, K. Fall and A. Vahdat : Systematic topology analysis and generation using degree correlations, ACM SIGCOMM Computer Communication Review, **36**, pp. 135–146 (Oct. 2006)

7) M. Faloutsos, P. Faloutsos and C. Faloutsos : On power–law relationships of the Internet topology, Proc. SIGCOMM '99, (New York, NY, USA), pp. 251–262, ACM Press (Oct. 1999)

8) G. Siganos, M. Faloutsos, P. Faloutsos and C. Faloutsos : Power laws and the AS-level Internet topology, IEEE/ACM Trans. Netw., **11**, pp. 514–524 (Aug. 2003)

9) T. Bu and D. Towsley: On distinguishing between Internet power-law topology generators, Proc. INFOCOM, pp. 1587–1596 (Jun. 2002)

10) C. Labovitz, S. Iekel-Johnson, D. McPherson, J. Oberheide and F. Jahanian : Internet inter-domain traffic, Proc. ACM SIGCOMM, **41**, pp. 75–86 (Aug. 2010)

11) A. Dhamdhere and C. Dovrolis : Twelve years in the evolution of the Internet ecosystem, IEEE/ACM Trans. Netw., **19**, pp. 1420–1433 (Sep. 2011)

12) R. Pastor-Satorras A. V'azquez, and A. Vespignani : Topology, hierarchy, and correlations in Internet graphs, Complex Networks, **650**, pp. 425–440 (2004)

13) V. D. Blondel, J.-L. Guillaume, R. Lambiotte and E. Lefebvre : Fast unfolding of communities in large networks, J. Stat. Mech., **2008**, pp. 10008–10019 (Oct. 2008)

14) M. E. J. Newman : Fast algorithm for detecting community structure in networks, Phys. Rev. E, **69**, 066133 (Jun. 2004)

15) L. Subramanian, S. Agarwal, J. Rexford and R. H. Katz : Characterizing the Internet hierarchy from multiple vantage points, Proc. IEEE INFOCOM, **2**, pp. 618–627 (Nov. 2002)
16) X. Dimitropoulos, D. Krioukov, B. Huffaker, KC Claffy and G. Riley : Inferring as relationships ; Dead end or lively beginning?, Proc. WEA, **4**, pp. 113–125 (May 2005)
17) The Cooperative Association for Internet Data Analysis http://www.caida.org/home/ (2015 年 5 月現在)
18) N. Bhardwaj, K.-K. Yan and M. B. Gerstein : Analysis of diverse regulatory networks in a hierarchical context shows consistent tendencies for collaboration in the middle levels, PNAS, **107**, pp. 6841–6846 (Mar. 2010)
19) M. Prokopenko, F. Boschetti and A. Ryan : An information-theoretic primer on complexity, self-organization, and emergence, COMPLEXITY, **15**, 1, pp. 11–28 (Sep. 2009)
20) R. Solé and S. Valverde : Information theory of complex networks ; On evolution and architectural constraints, Complex Networks, **650**, pp. 189–207 (Aug. 2004)

索　引

【あ】
アトラクタ選択　71
アリコロニー最適化　28

【い】
位相ロック　39
遺伝子ネットワーク　71

【え】
エッジ媒介中心性　81

【お】
オーバプロビジョニング　6

【か】
階層間相互作用　93
階層構造　22
階層性　63
ガウス雑音　75
拡散係数　42
拡散項　41
活性因子　41
環境変動　15
管理型自己組織化　62
管理プレーン　4

【き】
ギルダーの法則　5

【く】
クラスタ係数　114
群知能　13, 26

【け】
経路制御　95

【こ】
コラボレーション構造　131
混合整数線形計画法　63

【さ】
最短経路　26
最適化ポリシー　105
最適設計　6
残存次数のエントロピー　137
残存次数の相互情報量　137

【し】
自己組織化　13, 25
自己組織化制御　67
次数相関　117
次数中心性　81
社会性昆虫　13
集中型制御　25
省エネルギー性　6
状態空間　73
冗長構成　14
進化能　21
進行波　39
人工免疫システム　24

【す】
数理計画法　63
スケジューリング　39
スティグマジー　27
砂時計モデル　19

スリープ制御　33

【せ】
制御行列　75
制御プレーン　4
生体ゆらぎ　63
全体最適化　67

【そ】
相互情報量　136
創　発　25

【た】
代謝ネットワーク　71
多様性　14

【て】
ディジェネラシー　21
転写因子ネットワーク　129

【と】
同　期　32
同相同期　34
トポロジー　6
トラヒック
　エンジニアリング　6
トラヒック量　3

【ね】
ネットワークダイナミクス　9
ネットワークモチーフ　115

【は】
バイオインスパイアード　12

パターン直交化	76	【へ】		モデル	111
波長分割多重技術	67	べき乗則	20	【や】	
発見的手法	64	【ほ】		役割分担	49
ハブノード	107	ホップフィールド		【ゆ】	
パルス結合振動子	33	ネットワーク	76	ユーザプレーン	4
反応拡散モデル	41	ポテンシャル関数	73	ゆらぎ，生体ゆらぎ	16, 63
反応項	41	ホメオスタシス	21	ゆらぎ制御	65
反応しきい値モデル	50	【ま】		【よ】	
【ひ】		マルチスケール・		抑制因子	41
光信号処理装置	68	マルチフィジックス	23	【ら】	
光パストポロジー候補群	81	マルチパス経路制御	14	ランジュバン	66
光パストポロジー制御	71	【む】		【り】	
【ふ】		ムーアの法則	5	離散化	45
フィードバック	13	無線センサネットワーク	101	履歴ウィンドウ	88
フィードフォワード	13	【も】		【ろ】	
フェロモン	26	モジュラリティ	122	ロバスト性	6
フロー階層	123	モジュール	121		
分散処理	25				
分散制御	25				

【A】		【F】		【M】	
ARPU	5	FKP モデル	113	M2M	4
AS	1	【G】		【O】	
AS レベルトポロジー	104, 118	Green of ICT	8	OSI 参照モデル	92
【B】		【H】		【P】	
BA モデル	111	Hyper Giants	126	PRC	37
【D】		【I】		【T】	
dK-analysis	118	IoT	4	Tier–1	126
		ISP レベルトポロジー	104		

―― 著者略歴 ――

若宮　直紀（わかみや　なおき）
1992 年　大阪大学基礎工学部情報
　　　　工学科 3 年　中退
1994 年　大阪大学大学院基礎工学
　　　　研究科博士前期課程修了
　　　　（物理系専攻）
1996 年　大阪大学大学院基礎工学
　　　　研究科博士後期課程修了
　　　　（物理系専攻）
　　　　博士（工学）
1996 年　大阪大学助手
2002 年　大阪大学助教授
2007 年　大阪大学准教授（職名変更）
2011 年　大阪大学教授
　　　　現在に至る

荒川　伸一（あらかわ　しんいち）
1998 年　大阪大学基礎工学部情報
　　　　工学科 3 年　中退
2000 年　大阪大学大学院基礎工学
　　　　研究科博士前期課程修了
　　　　（物理系専攻）
2000 年　大阪大学大学院基礎工学
　　　　研究科博士後期課程中退
　　　　（物理系専攻）
2000 年　大阪大学助手
2003 年　博士（工学）（大阪大学）
2007 年　大阪大学助教（職名変更）
2011 年　大阪大学准教授
　　　　現在に至る

生命のしくみに学ぶ情報ネットワーク設計・制御
Bio-inspired Design and Control of Information Networks
　　　　　　　　　　Ⓒ 一般社団法人　電子情報通信学会 2015

2015 年 10 月 5 日　初版第 1 刷発行

|検印省略|

　　　　　監　修　者　一般社団法人
　　　　　　　　　　　電 子 情 報 通 信 学 会
　　　　　　　　　　　http://www.ieice.org/
　　　　　著　　　者　若　宮　直　紀
　　　　　　　　　　　荒　川　伸　一
　　　　　発　行　者　株式会社　コロナ社
　　　　　　　　　　　代 表 者　牛来真也
　　　　　印　刷　所　三美印刷株式会社

112-0011　東京都文京区千石 4-46-10

発行所　株式会社　コロナ社
CORONA PUBLISHING CO., LTD.
Tokyo Japan
振替 00140-8-14844・電話(03)3941-3131(代)

ホームページ http://www.coronasha.co.jp

ISBN 978-4-339-02805-8　　（製本：愛千製本所）
Printed in Japan

本書のコピー，スキャン，デジタル化等の
無断複製・転載は著作権法上での例外を除
き禁じられております。購入者以外の第三
者による本書の電子データ化及び電子書籍
化は，いかなる場合も認めておりません。

落丁・乱丁本はお取替えいたします

電子情報通信レクチャーシリーズ

■電子情報通信学会編　　　（各巻B5判）

共通

	配本順			頁	本体
A-1	(第30回)	電子情報通信と産業	西村吉雄著	272	4700円
A-2	(第14回)	電子情報通信技術史 —おもに日本を中心としたマイルストーン—	「技術と歴史」研究会編	276	4700円
A-3	(第26回)	情報社会・セキュリティ・倫理	辻井重男著	172	3000円
A-4		メディアと人間	原島　博 北川　高嗣 共著		
A-5	(第6回)	情報リテラシーとプレゼンテーション	青木由直著	216	3400円
A-6	(第29回)	コンピュータの基礎	村岡洋一著	160	2800円
A-7	(第19回)	情報通信ネットワーク	水澤純一著	192	3000円
A-8		マイクロエレクトロニクス	亀山充隆著		
A-9		電子物性とデバイス	益　一哉 天川　修平 共著		

基礎

	配本順			頁	本体
B-1		電気電子基礎数学	大石進一著		
B-2		基礎電気回路	篠田庄司著		
B-3		信号とシステム	荒川　薫著		
B-5	(第33回)	論理回路	安浦寛人著	140	2400円
B-6	(第9回)	オートマトン・言語と計算理論	岩間一雄著	186	3000円
B-7		コンピュータプログラミング	富樫　敦著		
B-8		データ構造とアルゴリズム	岩沼宏治他著		
B-9		ネットワーク工学	仙田裕三 石村和正 中野敬介 共著		
B-10	(第1回)	電磁気学	後藤尚久著	186	2900円
B-11	(第20回)	基礎電子物性工学 —量子力学の基本と応用—	阿部正紀著	154	2700円
B-12	(第4回)	波動解析基礎	小柴正則著	162	2600円
B-13	(第2回)	電磁気計測	岩﨑　俊著	182	2900円

基盤

	配本順			頁	本体
C-1	(第13回)	情報・符号・暗号の理論	今井秀樹著	220	3500円
C-2		ディジタル信号処理	西原明法著		
C-3	(第25回)	電子回路	関根慶太郎著	190	3300円
C-4	(第21回)	数理計画法	山下信雄 福島雅夫 共著	192	3000円
C-5		通信システム工学	三木哲也著		
C-6	(第17回)	インターネット工学	後藤滋樹 外山勝保 共著	162	2800円
C-7	(第3回)	画像・メディア工学	吹抜敬彦著	182	2900円
C-8	(第32回)	音声・言語処理	広瀬啓吉著	140	2400円
C-9	(第11回)	コンピュータアーキテクチャ	坂井修一著	158	2700円

配本順			頁	本体
C-10		オペレーティングシステム		
C-11		ソフトウェア基礎	外山 芳人 著	
C-12		データベース		
C-13	(第31回)	集積回路設計	浅田 邦博 著	208	3600円
C-14	(第27回)	電子デバイス	和保 孝夫 著	198	3200円
C-15	(第8回)	光・電磁波工学	鹿子嶋 憲一 著	200	3300円
C-16	(第28回)	電子物性工学	奥村 次徳 著	160	2800円

展 開

D-1		量子情報工学	山崎 浩一 著		
D-2		複雑性科学			
D-3	(第22回)	非線形理論	香田 徹 著	208	3600円
D-4		ソフトコンピューティング			
D-5	(第23回)	モバイルコミュニケーション	中川 正雄・大槻 知明 共著	176	3000円
D-6		モバイルコンピューティング			
D-7		データ圧縮	谷本 正幸 著		
D-8	(第12回)	現代暗号の基礎数理	黒澤 馨・尾形 わかは 共著	198	3100円
D-10		ヒューマンインタフェース			
D-11	(第18回)	結像光学の基礎	本田 捷夫 著	174	3000円
D-12		コンピュータグラフィックス			
D-13		自然言語処理	松本 裕治 著		
D-14	(第5回)	並列分散処理	谷口 秀夫 著	148	2300円
D-15		電波システム工学	唐沢 好男・藤井 威生 共著		
D-16		電磁環境工学	徳田 正満 著		
D-17	(第16回)	VLSI工学 ─基礎・設計編─	岩田 穆 著	182	3100円
D-18	(第10回)	超高速エレクトロニクス	中村 徹・三島 友義 共著	158	2600円
D-19		量子効果エレクトロニクス	荒川 泰彦 著		
D-20		先端光エレクトロニクス			
D-21		先端マイクロエレクトロニクス			
D-22		ゲノム情報処理	高木 利久・小池 麻子 編著		
D-23	(第24回)	バイオ情報学 ─パーソナルゲノム解析から生体シミュレーションまで─	小長谷 明彦 著	172	3000円
D-24	(第7回)	脳工学	武田 常広 著	240	3800円
D-25		生体・福祉工学	伊福部 達 著		
D-26		医用工学			
D-27	(第15回)	VLSI工学 ─製造プロセス編─	角南 英夫 著	204	3300円

定価は本体価格+税です。
定価は変更されることがありますのでご了承下さい。

図書目録進呈◆

コロナ社創立90周年記念出版
〔創立1927年〕

内容見本進呈

情報ネットワーク科学シリーズ

(各巻A5判)

■電子情報通信学会 監修
■編集委員長　村田正幸
■編集委員　会田雅樹・成瀬　誠・長谷川幹雄

本シリーズは，従来の情報ネットワーク分野における学術基盤では取り扱うことが困難な諸問題，すなわち，大量で多様な端末の収容，ネットワークの大規模化・多様化・複雑化・モバイル化・仮想化，省エネルギーに代表される環境調和性能を含めた物理世界とネットワーク世界の調和，安全性・信頼性の確保などの問題を克服し，今後の情報ネットワークのますますの発展を支えるための学術基盤としての「情報ネットワーク科学」の体系化を目指すものである．

シリーズ構成

配本順			頁	本体
1.（1回）	情報ネットワーク科学入門	村田正幸・成瀬　誠 編著	230	3000円
2.（4回）	情報ネットワークの数理と最適化 ―性能や信頼性を高めるためのデータ構造とアルゴリズム―	巳波弘佳・井上佳武 共著	近刊	
3.（2回）	情報ネットワークの分散制御と階層構造	会田雅樹 著	230	3000円
4.	ネットワーク・カオス ―非線形ダイナミクス・複雑系と情報ネットワーク―	長谷川幹雄・中尾裕也・合原一幸 共著		
5.（3回）	生命のしくみに学ぶ 情報ネットワーク設計・制御	若宮直紀・荒川伸一 共著	166	2200円

定価は本体価格+税です．
定価は変更されることがありますのでご了承下さい．

図書目録進呈◆